爱立方
Love cubic

育儿智慧分享者

微信扫描以上二维码，或者搜索 "爱立方家教育儿"

公众号即可加入 "爱立方家教俱乐部"，阅读精彩内容：

互联网+
时代的育儿经

（英）贝克丝.路易斯/著　牟超/译

北京理工大学出版社
BEIJING INSTITUTE OF TECHNOLOGY PRESS

图书在版编目（CIP）数据

互联网+时代的育儿经 / (英) 路易斯著；牟超译. — 北京：北京理工大学出版社，2016.8

书名原文：Raising children in a digital age

ISBN 978-7-5682-2117-7

Ⅰ.①互… Ⅱ.①路… ②牟… Ⅲ.①婴幼儿—哺育—基本知识 Ⅳ.①TS976.31

中国版本图书馆CIP数据核字(2016)第067148号

著作权合同登记号　图字：01-2016-0440

出版发行 / 北京理工大学出版社有限责任公司

社　　址 / 北京市海淀区中关村南大街 5 号

邮　　编 / 100081

电　　话 / （010）68914775（总编室）

　　　　　 82562903（教材售后服务热线）

　　　　　 68948351（其他图书服务热线）

网　　址 / http://www.bitpress.com.cn

经　　销 / 全国各地新华书店

印　　刷 / 三河市金泰源印务有限公司

开　　本 / 700 毫米 × 1000 毫米　　1/16

印　　张 / 18.25　　　　　　　　　　　　责任编辑 / 刘永兵

字　　数 / 204千字　　　　　　　　　　　文案编辑 / 刘永兵

版　　次 / 2016 年 8 月第 1 版　2016 年 8 月第 1 次印刷　　　责任校对 / 周瑞红

定　　价 / 35.00元　　　　　　　　　　　责任印制 / 边心超

图书出现印装质量问题，请拨打售后服务热线，本社负责调换这本书的出版让我感到非常高兴，因为它汇集了贝克丝太多的努力与心血。为了帮助那些父母、监护人、孩子以及在网络世界中游走的年轻人，为了帮助他们以积极的态度面对这个数字世界，她倾注了巨大的心血，这在每一章中都会有所体现。由于人们对技术改变所带来的机遇和挑战缺乏理解，因而成为他们不愿参与其中的借口。贝克丝指出这是错误的，只有正确了解并认真对待新环境，才能获得良好沟通的机会。至于如何实现这一目标，贝克丝提出了一些行之有效的方法。

莱格·贝利，母亲联盟（Mothers' Union）首席执行官

对于那些渴望理解孩子的数字世界且不愿被敷衍的家长来说，这是一本体贴周到的教养指南。内容切合当前实际，有据可依并邀请父母积极参与。本书建议父母既要积极地参与孩子的数字世界，又要给予孩子充分的信任。此外，本书还就父母如何与孩子交流、如何向他们学习等问题提出了一些建设性意见。

索尼娅·利文斯通，伦敦经济学院教授，《孩子与网络》一书的作者

 前　言

感谢阿里·赫尔，感谢他委托我编写本书，并在整个创作过程中不断地给我鼓励、帮我校正；感谢皮特·菲利普斯、安迪·拜尔、里奇·怀尔德、佩妮·比赛尔、蒂姆·哈钦斯和凯特·布鲁斯[1]，感谢他们为我提供了一些网页链接和积极鼓励。

通过反馈、建议链接和分发调查问卷，我欣喜地收获了来自脸书（Facebook）和推特（Twitter）社区的支持。由衷地感谢这120位回复者，虽然我不知道你们的真实姓名，但是我对那些关于演讲和博客帖子的回复非常感兴趣，这些都对本书一些观点和建议的形成提供了很大帮助；感谢以前在温彻斯特大学共事的同事们对我的不断鼓励和鞭策，特别是马丁·波利和乔伊斯·古德曼，在我的博士研究生阶段，他们培养了我持续写作的能力；感谢坦茜·杰索普，她的鼓励使我的写作水平不断提高；感谢亚兹·艾尔-哈基姆，他为我提供了很多在线学习的机会。

我非常高兴能有机会与马库斯·利宁[2]、佩妮·富勒[3]和玛吉·巴菲尔德[4]进行前期的沟通交流，并且在进一步的论证过程中能有社交媒体顾

---

① 我在杜伦大学里的CODEC团队成员。
② 温彻斯特大学传媒与电影学院院长。
③ 卫理公会教堂儿童与青少年发展官员。
④ 读经会儿童出版物负责人。

1

问布若尼·泰勒相伴。还有那些在克莱默大楼、韦斯利研究中心社区的人们，在忙碌的生活中，他们每天都在努力解决自己孩子的各种问题。我非常珍惜与他们的线下交谈，当然还包括梅里·埃文斯的热情拥抱。

我还要感谢琳恩和达伦·贝尔，和他们的联系是从推特上开始的，他们不仅使我在安尼克城堡度过了很有意义的一天，关于孩子和社交媒体我们也聊了很多，还让我有机会观察3个不同年龄的孩子以真正积极的方式去接触数字媒体。此外，西安和克里斯·劳顿、詹妮弗和安德鲁·里德尔斯通、贾斯汀和马特·麦克尼赤、佩恩·安德鲁斯、杰夫和海伦·霍布斯、乔恩和凯特·惠尔和尼基·罗宾逊也给了我大量的参与机会，去观察他们如何管理孩子线上、线下的学习和游戏时间。还要感谢路易斯·阿普彻奇和保罗·文多①，他们分别从作为老师和作为青年领袖两个不同的角度给了我很多的意见和建议。

衷心地感谢朋友、家人对我一如既往的支持和鼓励，给予我与侄子、侄女相处的时间。特别感谢我的父母，他们的不断支持、鞭策和鼓励陪伴我度过那段艰辛且美好的日子。感谢我的表妹汉娜，与她的交谈使我受益颇多，除此之外，她还提供了一些非常有用的反馈和一张去伦敦旅行时可以使用的沙发床。感谢希钦斯和贝雷斯福德一家，数年前，我与他们结成光荣的温彻斯特大家庭，他们的旧洗碗机使我有了更多的写作时间！

特别值得一提的是特蕾西·休谟，他经常开车送我，送我到我的新家、送我找在达拉谟的新邻居——帕特和弗雷德，以及他们的朋友约翰和安。他们经常鼓励我，帮忙管理我的花园，还经常好奇地问："你那本书

---

① 来自基督教青少年组织Urban Saints。

2

完成了没？"还要特别感谢萨拉·巴茨、谢丽丹·沃伊奇、维姬·沃奇、玛姬·道恩、爱玛·贾尔思、玛丽·杰克逊、克里斯蒂娜·麦克劳德、凯伦·尼尔、爱玛·洛、梅勒妮·坎宁安、帕姆·史密斯以及韦伯斯特家的保罗和帕姆，还有贝丝·威登的棒棒冰和安德鲁·格雷斯通的多年鼓励。

最后，还要感谢这些年来和我交流过但没有被提到姓名的人们，我期望能得到你们的谅解。

如果您希望和我进行更多的在线交流，请关注我标签为#digitalpa-renting的推特——@digitalfprint // @drbexl 吧。

遇见这样的我

1992年年底，我只要一有时间就看电视。那是我家的第一台电视机，当时还是新电视，现在已经很旧了。据妈妈讲，之前由于对宗教存在某种误解，严禁在家里看电视。我一看电视就着迷，父母担心我会沉溺其中，担心我对所看的内容不能加以区分，担心我会因看电视的时间太长而导致没时间出去玩。但我自己却欣然自悦，还参加了学校的访谈节目《邻居》。

这些担心是不是听起来很耳熟？在沉溺于电视一段时间后，我自己也开始觉得看电视太浪费时间了，因而重新将精力投向书本……此外，每周六我还骑自行车去做兼职！上中学的时候，我学会了盲打。1993年，在妈妈的帮助下，我用文字处理软件作了自己的论文，后来还被评为A级。1994年夏，也就是我上大学前的那个暑假，我用自己全部的助学贷款买了第一台电脑，发送了我人生中的第一封电子邮件，那种忐忑和紧张兴奋的心情至今我仍清晰记得。

时光飞逝，转眼到了1997年。这时的我已经可以将邮件处理得游刃有余，还建立了自己的第一个网站。那时我刚开始读博士，研究方向是战争时期的海报宣传，那时我想让全世界都知道我的发现！现在我的研究已经被很多人熟知，这其中就包括《保持冷静 坚持到底》海报的发展史。如果想了解更多，请登录http：//ww2poster.co.uk。这是世界上最早的网站之一，它让我第一次真正体会到网络的无限可能性。接下来，我开始了媒体研究的教学，专攻在线教育这一块，我发现很多大学生并不像人们想象的那样精通网络和电子。

鉴于自己从数字世界中获益良多，我踌躇满志，打算用一种积极的方式来帮助人们更多地参与到电子和网络的世界中，包括我的侄子和侄女们——有些是有血缘关系的，有些只是名义上的。作为一名引导员，我曾鼓励青少年积极参与。其中既包括巴西街头的流浪儿，也包括朋友的孩子。在那些孩子中，不管是谁，我总是尽力平衡好机遇和责任。如果我打算带孩子们去游泳，那我一定会确认他们是否会游泳、是否需要带游泳臂圈。同样，在教一个孩子上网之前，我也会确认他之前是否上过网以及他需要什么样的帮助。

我的正式工作是社会媒体和在线学习的研究员及BIGBible的项目主任。BIGBible是杜伦大学圣约翰学院数字时代基督徒交流传播中心（CODEC）的一个项目。此外我还担任社会传媒咨询公司——数字指纹（Digital Fingerprint）的总监一职。这是一个在线的咨询媒介，主要关注"社交媒体的恐惧"，客户包括英国教会、联合归正会、卫理公会教堂、监委会和大学。我经常在各种会议和活动中演讲，并出现在很多报道中。

序言：可以从本书中学到什么

"4岁女童成为英国最年轻的iPad沉溺者，沉迷于智能手机和平板电脑的孩子数量正以惊人的速度增长"

《每日邮报》，2013年4月

"女学生自缢，皆因遭遇网络恶魔欺凌"

《Metro 都市地铁报》，2013年4月

"父母要提醒孩子，以免他们在用iPad或iPhone玩游戏时欠下巨额债务"

《卫报》，2013年1月

"禁止网络色情侵蚀青少年的性观念"

《太阳报》，2013年2月

"近一半人承认曾用手机或电脑与同在一个房间的人沟通"

ITV，2013年2月

"常识媒体调查表明暴力恐惧情绪高涨"

《脱逃者》，2013 年 1 月

"研究表明：每天看电视超过3小时的孩子更爱撒谎，长大后还会欺骗别人"

《大西洋月刊》，2013 年 3 月

"研究表明：对于孩子，即便是脸书上的一个谎言也会产生不良后果"

《纽约时报》，2012 年 11 月

"专家指出：睡眠短信呈上升趋势"

《赫芬顿邮报》，2013 年 2 月

"30%的青春期女孩与通过网络认识的男人见面时基本不会采取任何预防措施"

加拿大广播公司（CBC）新闻，2013 年 1 月

诸如此类的标题经常会出现在各类新闻媒体中，你是不是会感到无奈、困惑、害怕甚至恐惧？

2008 年，著名的心理学家塔尼娅·拜伦为英国政府写过一篇名为《在数字世界做更安全的政府》的政策评论。2010 年，她再次谈起这一话题。

她承认，关于这一话题的各种媒体舆论越来越多，但是大多数的媒体仍然主要关注那些极端的且通常带有悲剧性的事件，关注那些对儿童和青少年产生伤害的事件。万幸的是，这类事件还是极少发生的。因此她呼吁记者能以一种客观的态度进行报道，以便更好、更全面地反映在线体验。

练习：花时间想一想最近几周你看到过的新闻故事，它们关注的是什么？它们是使你心生恐惧，还是在寻求你的支持呢？

CHILDWISE是英国的一家调研公司，专门针对孩子运用媒体和对媒体的态度提出见解。从1991年起，他们以1 000多个校园网络为调研对象，每年都会提供一份年度报告。2010年，他们做了一篇关于"数字生活"的专题报告。这篇报告专门研究了那些自信的儿童网络用户，强调接触并参与到网络和数字环境中是不可避免的，因为可以脱离数字环境影响的兴趣爱好或活动已经几乎不存在。我们与这种"新媒体"生活的时间越长，就越会觉得它仅仅是"媒体"而已。

作为父母，我们需要了解真实的网络，了解孩子参与数字世界的客观情况，了解数字世界带给我们的好处。从而消除由于对网络的不理解而产生的不安，使我们能客观地看待孩子在数字网络中的安全性。在本书中，我们将会使用和借鉴一系列这些标题所强调的故事，思考哪些是值得注意的，哪些是需要辩驳的。同时，我们还会回顾历史上曾经发生过的类似挑战，以帮助我们消除恐惧。

我们真的应该感到害怕吗

对于报纸来说永远是"恐惧点热卖"：它会吸引我们的眼球，引诱我们去阅读下面的故事。世上存在的风险种类很多，但我们遭遇的可能性很小或很容易解决。因为它们不是新鲜的、有诱惑力的，所以既不会受到媒体的关注，也不会引起政府的重视，就如记者帕梅拉·惠特比所言：

> 报刊媒体总是喜欢向人们散布一些耸人听闻的消息，故意夸大孩子们上网的风险。有些文章并没有进行过认真研究，上面的数字也是信手拈来，乍看起来十分吓人，很容易误导读者。但往深挖挖，很快就会发现这只是为了卖报纸而已。

我们知道报纸上很喜欢用"平均"这个词，因为只要有几个过度使用者就会大幅影响整体的统计数据。比如有一个孩子每天上网时间超过10个小时，这样的平均数据往往会引起家长对孩子沉溺于电脑或网络的恐慌，而如果不将这个孩子统计在内，那么平均数据可能只有每天2个小时。记者丹·加德纳认为，正是由于这样的原因，导致我们在错误的问题上花费了大量的精力和金钱，而忽略了本应重点关注的问题。我们要知道，数据的相关分析并不等同于必然的因果关系。玩电子游戏的人有攻击性，并不意味着电子游戏引起了争斗攻击，而很可能只是那些生性好斗的人被某个特殊的电子游戏所吸引，当然还可能有一些其他原因。

本书是为了让你能更好地帮助孩子安全地享用数字媒体，并关注你可以产生影响的那些方面。就如教育和科技记者丽贝卡·利维在Mashable[1]所强调的："你们依然是父母，屏幕并不能改变这一点。就像当初你教他们骑自行车一样，尽你所能去了解数字环境，这样你和孩子就能安全地享受数字媒体所带来的乐趣。"

本书中所讨论的大多数话题都与各个年龄段的人相关。虽然我们的能力还需要进一步提高，但网络其他用户仍能从我们这里学到很多。尽管有太多的不良信息存在，本书还是尽力挑选优质信息，使其通俗易懂，再结合我多年从事数字媒体教育的经验，希望能使你成为线上、线下都非常自信的父母。

作为一名大学讲师和在线学习方面的专家，我能在第一时间看到数字媒体在社交方面带给人们的种种好处。对于那些新入学的大学生来说，社交网络比如脸书，能帮助他们快速融入新的团队中，并同时得到以前网络社区朋友们的支持。

数字环境瞬息万变，因而任何一本这类图书都只能是针对当时的环境，但是我们使用的很多社交平台已经有很长时间了，并且这些内容对其他社交平台同样有效。本书将重点介绍网络参与的基本原则，并针对相关内容给出一些实用的建议。对于一些需要您向孩子特别提醒的问题，在本书中也会重点介绍。我认为，每个人都能成为育儿专家，只不过你还需要用知识来武装自己，这样你才能在网络世界中更好地养育儿女。

---

[1] 社会媒体新闻的核心网站。

谁该为孩子的网络安全负责

西方文化强调个人责任，毫无疑问，父母亲都要履行自己的义务。但是我们要想一想，作为社会的一分子，包括政治家和各个行业的人们，我们能为这事做些什么？让孩子们积极参与网络世界绝不仅仅是父母的责任。研究表明，孩子的学习来源于各个方面，包括：家庭、朋友、老师、同学、青年领袖、广告、印刷媒体和一系列网络空间。

有很多父母过度依赖网络监管，但是《2008拜伦评论》强调，家长不能单纯地依靠政府来保护自己的孩子。网络是一种全球化现象，并不存在一个能非常有效地控制的单点。拜伦教授呼吁家长们要转变观念，从抱有"一定有人会去做网络监管这些事"的幻想或承认自己的无能为力中走出来，清楚自己在保障孩子网络安全中所扮演的重要角色。

值得注意的是拜伦还呼吁所有的成年人都要负起责任。数字策划师安东尼·梅菲尔德对此做了一个非常形象的类比：在意大利山区，每个人都有责任去清除积雪。如果他们坐等政府的除雪车，他们就会连续被困几周。同样，在线上，我们都是网络居民——机遇伴随着责任，不仅是为了我们自己，也是为了居住在同一网络社区的其他人。

调查问卷

由于在社会媒体领域工作，我决定针对本书在线收集一些资料。为此我设计了一份简短的调查问卷，让那些负责照顾孩子的网友们填写，并请他们转发给他们的朋友。在1个月的时间内，我收到了120份回复，内容大概涵盖了以下几个方面：上网给自己带来了哪些好处；人们对上网主要有哪些恐惧；为了确保网络安全，他们采取了哪些有效措施；其他的意见或建议等。

由于问卷标题所限，因此大多数的问卷回复都来自孩子家长。当然，也有一些回复者是孩子的叔叔、阿姨、爷爷、奶奶、姥姥、姥爷等其他家庭成员。希望调查的孩子年龄范围涵盖了从新生儿到19岁以上的各个年龄段。年龄选项是这样设置的："2岁及以下；3~5岁；6~9岁，10~12岁；13~15岁；16~18岁；19岁及以上。"受访者的孩子年龄涵盖了以上设置的各个年龄段，其中孩子为6~9岁年龄段的最多。在本书，受访者的话将以下面的形式给出：

> 我认为恐惧往往是通过大众媒体传播的……通过已经安装的网络安全软件，对家长进行简单明了的指导可能会很有帮助。同时，媒体要注意客观地报道，以免让人因看到一些并不存在的巨大威胁或不能解决的问题而产生不必要的恐慌。我知道我是在要求世界……
>
> **（家长，孩子处于 3~5 岁年龄段）**

鉴于调查问卷是在网上进行的，因而有超过100名的受访者很自信地表示，对自己的上网感到"很舒服"或者是"完全开心"。而当提到允许孩子参与网络时，这份信心虽然没有消失殆尽，但也明显降低了很多。

本书导读

本书的目的就是给你那份信心！本书从一小段历史展开，让你意识到你所要面对的其实并不是什么新问题。在"数字文化"部分，将带你了解数字世界的特殊性，并对当前一些常用工具的使用提出建议。在接下来的章节中，将就那些重要且大家普遍关心的问题提出实用的解决技巧、建议和提示。在书的最后，将与大家分享针对祖父母、老师、青年领袖的具体建议，并对未来数字环境的发展做出预测。此外，在本书的后面还给出一些资源，供读者进一步的学习和研究使用。

我希望你能喜欢这本书，并通过阅读本书而建立起对网络世界的信心，使你更愿意支持孩子或其他人安全、积极地参与数字网络。

目 录

第 4 章　福祸相依：数字文化对孩子的影响 / 046

第1章 数字来袭：您准备好了吗

> 不要害怕，不要恐惧，只要有意识地帮助孩子度过人生的这
> 一阶段即可。
>
> **（家长，孩子处于 13~15 岁、16~18 岁年龄段）**

Rewired State[①]首席执行官爱玛·马尔昆妮曾说过，"谨慎文化"意味着孩子受到的教育是害怕互联网，而不是去理解它。我们需要正视这些恐惧，而正确解决这些现代忧虑的一个有效方法就是回顾历史。这正如传媒研究学的讲师马库斯·乐宁所写的那样："大量的研究表明，通过使用互联网，我们的日常生活将会发生转变或得到改善，而互联网仍被看作是一种威胁。"新技术可能带来的风险其实并不仅仅表现在网络方面。记者丹·加德纳在他2008年出版的新书《冒险》中写道："虽然每个时代的人都会面临风险，但我们这个时代所需面对的风险却是最可怕的。历史表

---

① 英国最大的互联网独立开发商。

明，从来不缺末世论者，在媒体上更是屡见不鲜，但是我们是历史上最健康、最富有、最长寿的一代，而我们的恐惧感却与日俱增。这是我们这个时代最大的悖论之一。"

每一次的技术革新都会伴随恐惧的产生，包括印刷机、电话、电视机的发明。这些现象被称为"精神恐慌"。社会学家弗兰克·富雷迪指出，当社会感觉到不能适应某种剧烈的变化并且担心失去控制时，就会产生"精神恐慌"。再加上媒体的推波助澜，常常将个别的危害事件广义化为一般情况，暗示所有人都处在"危险之中"。

还有一个术语需要介绍给你们，即"技术决定论"：从某种意义上讲，每种新技术的诞生都会带来新的行为方式，这不是我们所能控制的。也许用下面的话来解释更加恰当：所有新科技的产生都会带来新的机遇、新的行为方式，有些是好的，有些是坏的，但我们有权选择如何使用它们，可以用于圆珠笔、手表、iPad，也可以用于火箭或原子弹。

如果我们重点关注"道德恐慌"，并相信"技术决定论"，我们就可以清除那些错误的解决方案，集中力量去关注孩子们所受的伤害。我们知道，技术和媒体在我们的生活中起着至关重要的作用，但是还需要将其他的重要影响因素也考虑进去，包括文化方面的和经济方面的。南希·威拉德是互联网使用安全责任中心的负责人，他认为，在媒体中呈现的恐惧与研究数据及实际的风险程度是不相符的，这些恐惧往往被各类媒体放大。当遇到最坏的案例时，执法机构和过滤软件的生产商总会关注恐惧，而学校又往往拿这些最坏的案例去教育孩子注意网上安全。

> 我相信风险是确实存在的，但很多报道是不客观的，甚至是危言耸听的。
>
> （家长，孩子处在 3~5 岁、6~9 岁年龄段）

美国的皮尤网络调研公司会针对美国人的网络生活定期制作研究报告，2012年的报告为《互联网的未来》。在制作这篇报告的过程中，曾向1 000多个专业技术人员征求意见，并针对这些恐惧提出了若干积极的解决办法。美国通信顾问斯托·博伊德指出，我们现在的种种焦虑10年后会被认为是守旧的，这与苏格拉底曾经害怕使用文字、以前的家长担心孩子会学习猫王的摇滚舞步如出一辙。我们不要再对新技术冷眼旁观了，因为无论如何，它都将会那样出现、存在。杰西卡·克拉克是一名媒体战略顾问，在两所美国通信技术研究中心担任高级研究员，她对新技术同样持积极的态度：

历史就是这样发展的：上了年纪的人会因为看不惯那些年轻人的通信产品和消费习惯而发出啧啧的感慨之声，并且固执地认为伴随自己成长的通信技术无论是从智能上还是从人文情怀上，都是更有优势、更胜一筹的。

我们每个人都在寻找使用新技术的方式，其中有些是好的，有些是坏的。我们将探寻与其共存的方式，并且将生活如此继续下去。我们应该意识到，国家既然能接受新技术问世所带来的种种可能，就必然有方法去控制它所带来的各种风险。

"风险"社会的形成

虽然早期的研发人员给人们带来了新技术，但是只有让普通大众透过风险看到新技术在日常生活中的潜在价值，才能使这项技术成为主流。对于拥有手机这样的想法，我们不也曾觉得非常可笑吗？但是现在我们每天不都在检查有没有带"钱包、手机、钥匙"这三样吗？

我们是不是由于这些媒体对数字媒体的不断负面报道，加深了我们负面消极的认知？如果是的话，那我们该如何解决这个问题呢？再次回到丹·加德纳和《冒险》这本书上，其中有一个极具说服力的例子："9·11"事件后，人们害怕乘坐飞机旅行，所以很多美国人选择公路出行。统计表明，这导致的后果是，和往年相比死于交通事故的人数增加了5 000多。飞机失事总会引起媒体的普遍关注，而交通事故引起的死亡却不会，往往只会描写成一起"不幸的意外"。我们要知道，有些恐惧也是具有建设性的，但这样的恐惧不是"没有理由的恐惧"或"精神恐慌"。加德纳说过，潜伏在公园和网络聊天室的恋童癖们是一类的。过去我们常说，孩子的成长伴随着挫折和机遇，风险的发生被认为是孩子成长过程中必不可少的一部分。而现在的我们却不惜一切代价躲避风险，这种态度就源于媒体的报道。

危险的幽灵往往是从我们消费的媒体中发展出来的，这些媒体既包括报刊、电影（当然是以一种更轻松的方式），也包括一些网上资料。这是不是意味着无论我们做什么，我们都不会赢？2008年，拜伦教授说，我们已经对一系列风险达成共识，但我们对所害怕的风险会带来的实际伤害并不清楚。例如，色情内容现在已经伤害孩子们了吗？还是会在较长的时期影响他们的性发展？还是只是让他们变得不再纯真而已？如果我们能更清楚地表达我们怕的是什么，那我们就可以着手处理恐惧了。

　　拜伦希望父母们能够意识到，那些被我们视为风险的东西也能为我们带来一些新的机遇，比如通过网络结交新朋友。因为风险并不仅仅意味着伤害，所以面对风险该何时干预、如何干预，这些都需要我们谨慎对待。要鼓励孩子以积极的方式参与网络活动，而不是让他们对网络世界充满恐惧。

　　汉娜·罗新在《大西洋月刊》中写道，我们现在已经变成风险规避者和失败谴责者。下面是弗兰克和特蕾莎·卡普兰在1973年《游戏的力量》一书中，有关"到底是什么让孩子脱颖而出"的一段话：

　　　　这当然不仅仅是由于语言表达能力。一个人要有所建树，必须有一颗勇敢的心和好玩好动的天性；以执着坚韧的性格，经历和遭受失败的考验。这个人要足够强大，如果需要随时可以从头再来；要足够警醒，无论发生什么都能从中有所收获。他必须有强烈的自我意识，在自我激励下，向着一个未曾检验过的目标前进。最重要的是，他必须有会玩的能力！

2012年，加拿大非营利组织MediaSmarts提出的一份报告，回顾了从2000年到2012年的发展变化。2000年，该组织第一次开始和孩子们讨论网络。当时，孩子们认为互联网是一个私人空间，大人们不能进入或控制，所以无论他们在网络上做什么，都不需要承担后果。2004年，网络已经完全融入他们的社交生活——他们开始尝试使用不同的身份，与线下的朋友加深情感，以极大的热情投入其中。随着时间的推移，在联系方式中身份变得越来越重要，他们不再匿名上网，然而作为对监控的回击，孩子们开始发展属于他们自己的文本语言：

　　2011年，私人的游戏空间基本不存在了。我们的参与者告诉我们，互联网已经成为一个完全的监控平台。他们的父母、老师和一些机构将他们置于严密的监视之下。

说到监视，不得不提起于已于2013年7月1日生效的儿童网络隐私保护条例（COPPA）。COPPA虽然基于美国，但却是为全世界的国家设定的，对其他国家也会产生很大影响。条例规定，任何社会网络要想从孩子那里收集信息，都要首先征得其家长的同意。

现代家庭的变化

为了更好地理解我们的恐惧是如何产生的，除了考虑科学技术的改变外，我们还要考虑那些在我们生活中发生变化的其他因素。在家庭生活中，一个非常明显的变化是：婚姻的结合越来越少，而更多的是离婚、分居、同居；非婚生子女越来越多，他们待在家里的时间变得越来越长；结婚越来越晚，生孩子的年龄越来越大，人们的寿命越来越长。这些都是我们的家庭正在发生的改变。沃达丰通信公司2010年的研究强调如何通过不断的技术进步，使我们的家庭在保护生活隐私的同时，能变得更开放，并愿意接受更广泛的影响。

孩子的家庭和社会地位已经发生了重大转变，从过去的"视而不见"——出现、存在但没有发言权，到如今他们已成为家庭生活的重心。他们有能力对重要的家庭决议产生影响，并且有很多公司已经注意到他们的购买力。

在家庭里，童年的观念已经发生了转变。我们需要提防，不要把我们的童年浪漫化。当我们"满街疯跑"的时候，就好像在我们的成长过程中根本不存在任何危险。在"7·24"新闻文化革命之前，各个新闻时段到处充斥着饥荒的消息，尽管这种危险看起来并不是那么可怕。过去人们普遍认为孩子们生性顽皮，需要严加管教，但现在人们又认为，孩子们本性善良，他们的天真无邪很容易遭到破坏，因而需要被保护起来。随着市场对孩子们进行的一系列重新分类，我们对待孩子的方式也发生了根本的变化。

随着孩子越来越多地通过大众媒体接触世界、获取全球信息，他们也越来越多地被控制、被管理、被调查。虽然我们非常重视孩子们的自觉性和想象力，但是作为父母，在保护他们规避那些身体和社会风险的同时，也要控制和管理他们的生活，为了给他们一个美好的童年，从而使他们长大以后能够得到更多的成功机会而感到"压力山大"。然而一些孩子却会在家里没人的时候，回到空荡荡的家，家里的电脑和移动设备为他们提供了很多他们可以参与的虚拟社区。

> 　　我在外面工作，虽然我老公在家里工作，但是他的生意到了关键期，根本没有精力去监督孩子。而孩子放学到家的时间通常要比我下班到家的时间早一个半小时，在这期间，孩子有时候就会全神贯注地玩游戏机、玩手机或看电视。
>
> **（家长，孩子年龄处于 6~9 岁、13~15 岁年龄段）**

家长的担心

　　在2009年到2011年，伦敦经济学院和其科研伙伴发起了一个名为"欧盟儿童在线情况"的项目，他们采访了欧洲25个国家超过25 000名儿童及他们的父母亲。研究发现，最常见的担心有：害怕孩子遇到网络暴力或在线欺凌，担心他们看含有色情、暴力的图片或视频，以及遇到陌生人。此外，虐待儿童、恋童癖、假货和贩卖毒品的网站也常被提及。

　　我的调查问卷，一个很重要的目的就是想弄明白父母们到底在担心什么，以便能够为消除父母焦虑提供一些实用的资源，帮助他们建立信心。他们的担忧包含很多，既包括我们在报刊媒体中看到的那些大事件，如：陌生人陷阱、浏览色情网页、网络欺凌、网络成瘾、ID被窃、丧失社交能力，又有因移动技术的不断发展，而让父母感到对孩子正在使用的技术缺乏控制。父母们担心提供给他们的工具不够完美，比如他们发现过滤软件太复杂或效果不太好，而那些科技巨头又过于强大。其他担忧还包括孩子们在网上的发帖、为了与流行保持一致所产生的压力、过度分享、模糊的界定、公共性的分歧、信息传播速度过快和数字脚印①，这些都会对孩子的未来产生影响。

　　家长们还担心孩子缺乏社交能力，因为他们不是与"真正的人"相处，信息超负荷、缺乏专注、急躁、无耐心，由于过度使用不合语法、拼写错误的"火星文"而导致英语水平下降。此外，由于缺乏空闲的时间，孩子们的创造力也受到抑制。一些父母担心在这样一个消费主义至上的社会，我们一直被强迫去购买那些最新的设备，我们俨然成了被"打劫"的目标。此外，过分关注个人也必然会导致对社会责任心的缺失。还有些家长担心孩子在屏幕前花费太多时间，而使一些更有益的娱乐活动，比如说户外活动的时间减少，这样就有可能对他们的视力、听力造成影响；并且孩子们在网上看到的信息并不可靠，因而可能会导致他们世界观的扭曲。

　　练习：如果孩子已经足够大，花至少15分钟的时间和他们一起列出一张你和他们所担心的事件清单，这样，当你阅读这本书的时候，你就能很

———————

① 一切在线活动或互动留下的数字痕迹。

快地把它们标记出来。

科技让孩子的生活更美好

我想对家长们说的是，我坚信科技进步可以持续提高我们乃至未来几代人的生活水平，现实和研究也都在证实这一点。为《育儿》杂志"荧屏游戏"写技术博客的珍娜·李说，技术使她的工作和生活变得更有条理，手机日志帮了她很多。她可以把孩子们的美术作品通过拍照永久地保存下来。GPS导航使她不用再担心开着车转来转去找不着地方。通过Skype，她与家人分享记忆、照片、保持联系变得很容易。可以在短时间内通过发送短信组织一些即时的游戏。最值得一提的是，你可以在网上搜索任何东西，解决各种难题。

我在调查问卷中也问过人们这个问题，他们觉得数字世界带给他们的好处有哪些。他们的回答包括：可以获取更多更广泛的信息，特别是在不被过滤软件拦截的情况下；无论距离远近，都可以增进与家人、朋友之间的联系；给了孩子一个接触世界的机会，对未来具有巨大的教育意义；如果参与进去的话，可以增加展示自我的机会、参与协作的机会，这些都会对社交生活产生积极影响；给了他们一个制订更灵活计划的机会；有一些工具可以使孩子们的生活变得更充实；使他们有机会通过这些设备和孩子们共享在一起的时光，并有机会向孩子们学习；网络世界的全球化；能够休闲娱乐；能够边玩边学；促进手眼协调力的发展；沟通交流的速度加快；了解学习的重要性；提升个人安全；拓展了残疾人的生活；为创造力的提升提供了条件。

练习：如果孩子足够大的话，拿出至少 15 分钟的时间和他们一起讨论你所看到的互联网积极的潜在作用，然后再试着去发现一些新的作用。

对于孩子和数字世界，很多人都会感到非常担忧和恐惧，在我们开始着手解决这些问题之前，让我们先来看看它的价值所在吧。

第2章 数字文化：家长的参与至关重要

在具体介绍数字文化之前，我们先想一想为什么都要参与进去，这样做有哪些好处？《拜伦报告（2008）》的作者塔尼娅·拜伦教授这样说道："我发现，随着我对宝贝们经历的了解越来越多，我越来越觉得应该支持他们负责任地、安全地上网，而让我感到欣慰的是，他们从中获得了更多的自由。"这正如一个参与问卷调查的回复者所说的：

既然数字技术已经存在，而且会继续发展下去，我们就不如早点和孩子一起学会如何合理地使用这项技术。

（家长，孩子处于 13~15 岁年龄段）

纵观历史，孩子们一直都是各种媒体的消费者。如果你对此有所担心，那么最好的方法就是了解它们到底是什么样的。如果你还没有使用过数字技术，那么从现在就开始使用它，了解在网络上哪些是有利的，哪些是有害的，从而做到避害就利。如果你已经在使用网络，那么你可以了解孩子访问过的网站。你不需要成为数字专家，也能保障你和家人的在线安全。没有人可以做到什么都懂，也不要相信媒体炒作，说什么孩子们已完全了掌握数字技术，而家长们被远远地落在后面。我们对网络文化了解得越多，就越能帮助孩子们有效地参与其中。

> 很多家长对使用现代技术缺乏自信，一些家长甚至很少去利用网站资源。他们不能有效地监管孩子，甚至于他们连孩子在网络上可以做什么、不可以做什么都不知道。
>
> **（家长，孩子处于 13~15 岁年龄段）**

> 我很庆幸我和丈夫对数字技术的使用还是比较熟练的。尽管如此，我仍然觉得，如何确保孩子合理地利用数字技术仍然具有很大的挑战性。
>
> **（家长，孩子处于 2 岁及以下年龄段）**

一个非常有用的视频文件，它利用《欧洲研究报告》（2010）中的数据，形象地展示了孩子们在网络上都在做些什么。你可以访问以下网站观看此视频：http://www.niceandserious.com/

现在，社交网络使在线参与变得非常容易，越来越多的人可以访问网络空间，即便是他们既没有专门学过这门技术，也没有兴趣去了解这方面的内容。在社交网络上，既有朋友和家人又有生意伙伴，这也为我们参与网络提供了一个很好的理由。

我们没有太多的恐惧。因为从孩子小时候起，我们就对他能做什么做了约定，也告诉了我们的期待，希望他该怎么做。一开始我们限制他看电视的时间，不在他的卧室里放电视和电脑，还取笑奚落电视上那些愚蠢的广告！他知道我们可以浏览他在电脑上的搜索记录，所以这里不存在任何问题。在他的平板电脑或手机上耍花招也不是他的性格，这两件东西都是我用旧了给他的，所以都不是最新、最先进的或是什么昂贵的设备。他知道如果他没按约定的去做，那么他的使用权就将被收回——所以他也不会那样做。

（家长，孩子处于 16~18 岁年龄段）

无论我们是否愿意主动参与，"数字革命"已经影响到我们每个人的生活。每次我们去超市购物、乘坐公共交通工具或者在Google引擎上搜索，有关你的数据都会被收集。社交媒体评论员埃里克·奎尔曼强调，活跃在社交网络上的人数非常庞大，这些人的网上活动已经和打电话一样成为他们日常生活的一部分。脸书的活跃用户超过10亿，Google的用户超过5亿，推特的用户达到3亿。YouTube的用户每分钟都会上传时长约22小时的视频，人们越来越爱在各种网络社交平台上晒照片、视频和更新状态。

上网，对孩子们来说是件很开心的事，因为上面的一切，无论是好的还是坏的，对他们来说都是新奇的。他们在线上的态度和他们在线下的态度一样：单纯、好奇、果断，既认真负责又反抗叛逆。网上的世界并不是纯粹的"虚拟世界"，在每个在线活动的两端，键盘背后都有真实的人存在。所以我们需要让孩子们明白，无论是积极的活动还是堕落的活动，他们的所作所为都在为网络提供一种巨大的潜能。我们既要参与进去，又要学会给孩子授权，这样他们即使不在大人的监管之下，也能有保证自己安全的方法。要注意引导孩子发现别人做得好的地方，并鼓励他有效地解决问题。

就目前看来，我的孩子们还处在这样一个年龄段，他们对数字工具的掌握程度还远不如我，但我担心这种情况很快就会发生逆转。我主要担心的是我该如何不断努力以便能赶上他们。毕竟，如果你自己都不了解，那么监管孩子也就无从谈起。

（家长，孩子处于 2 岁及以下或 6~9 岁年龄段）

那么，数字文化有什么特性呢？与之前的交流方式相比，数字材料既可以更短暂，也可以更永久。它可能很难被清除，但又很容易被编辑、复制和分享，这使我们很难区分它的正本和副本。网络社区选择强调的部分可能并不是作者本人想要突出的，这些材料传播得很快，并可能在很短的时间内得到回应。用户可能认为自己所做的不会被发现，并因此养成一种不负责任的习惯。当然，匿名也有它的积极作用，它可以鼓励一些人在网上勇敢地表达自己的意见。然而，我们应该知道，只要相关技术人员做一点儿工作，每个人都会被找到、被认出。在数字文化中，人们愿意结交更多的"朋友"，这既使那些有"特殊兴趣"的人们可以在网上很容易地找到朋友，也使对潜在风险的发现变得更难。

培养孩子"数字素养"的必要性

过去的几年，我在联合信息系统委员会（JISC）资助的项目里工作，JISC将"数字素养"定义为：一个人在数字社会工作、生活、学习所需要掌握的技能。例如：会使用数字工具进行学术研究、写作和进行判断思维的技能；作为个人发展规划的一部分；作为展示成果、成绩的一种方式。素养技能一直都很重要。随着数字环境的全民参与，其影响力变得越来越大，我们的孩子需要成为在数字环境中具有批判精神、建设性和自信的居民，所以就让这难得的历史机遇去点缀他们的人生吧。

为了更好地利用技术，用户们需要了解每一项新技术的功能和局限。比如，麦克风可以使我们同时对很多人讲话，但也使我们对听众中的某个人单独讲话变得困难。在一些在线学习的讲座上，我们经常会提到刚发明纸张时，人们认为纸张是制造混乱的、具有破坏性的。因为演讲者还在讲话，而使用纸的人却在信手涂鸦，但是我们要去了解并适应它。对于数字技术，同样也是如此。我们往往是出于某种目的而设计一种工具，但这并不能决定我们将如何使用它。想想手机短信吧，它不过是手机的一个附属功能，但是我们却经常发短信，甚至比打电话还频繁。

当然，数字素养还不仅仅是懂得如何去使用这些工具，还要学会如何安全地、合法地、创造性地获取、组织、评估、使用和共享那些以数字形式产生或提供的信息。

科技是个"坏家伙"吗

除了需要具有一定的数字素养外，我们还要了解伴随数字技术而来的各种挑战。这些包括但不限于：购买和维护数字产品及服务所需的费用；它需要的电池会污染环境；为用好这些工具还要进行学习，从而对工作效率产生影响，虽然这往往是由于人们对时间调控不当而导致的；对学生的担忧如：注意力不集中、欺骗、不雅照、对创造力及想象力的毁坏和对健康的潜在危害。除了上面提到的，数字技术对人的影响还有很多，我们能不能找到一个正确的方法去解决它？换言之，是技术本身有问题，还是人们的使用方式有问题？

正如我们所看到的，媒体总是倾向于关注一些特殊的恐怖事件，包括匿名问题、网瘾、口头线索的丢失、社会关系的破裂等。这使家长们非常担心——等不到把整个句子读完，就一把夺走孩子手中的数字设备。然而，我们需要知道，好消息很少能成为大新闻。那些所谓的公正无私的记者们，只会留心注意那些具有新闻价值的特殊事件，而这些事件并不是我们生活的常态。

在关注科技负面影响的同时，我们也不妨考虑一下科技带给人们的好处。回想一下2011年的伦敦暴动，那时铺天盖地的新闻都在报道，暴乱者如何利用推特和黑莓短信来组织暴动，但却很少有新闻注意到，清理行动也是用同样的技术组织起来的。BBC上面的一篇文章指出，正是由于媒体选择性的片面报道，使人们无法全面真实地了解事件的整体情况。这些新闻报道会引起社会恐慌，因而使通过法律加强控制、要求零容忍、在学校实行惩处政策等类似的呼声越来越高，却没有一则新闻是鼓励大家积极地参与到科技之中。我们要知道，那些新闻标题想要强调的风险通常也伴随着一些新的解决问题的方式。比如说欺凌问题，现在可能会跟随孩子在校园外发生，但是电子信息也可以被作为证据记录下来，还可以作为法庭证据，从而使家长和老师能更有效地处理问题。

技术本身是中立的——它既可以造福也可以成为祸害。美国律师马丁·D·欧文斯——《互联网游戏法规》的作者，在皮尤2012年《超联通生活》报告中对此做了很好的总结：

善良的人通过网络和社交媒体做好事，我就看到过大量的志愿者，看到了用于慈善事业的应用软件和程序的不断涌现，看到了新闻调查以及全世界人类民主力量的凝聚。而邪恶的人则会通过互联网做坏事，如果你想访问的话，色情网站到处都是。就连基地恐怖组织也有一个自己的网站，还有那些带有恐怖主义倾向的游戏，比如"在你妈妈的厨房里制作炸弹"。互联网赋予每个人的力量如同约翰·罗纳德·瑞尔·托尔金的魔戒，取决于个人的智慧和道德水平。蠢人有使用这些力量做蠢事的自由，而智者也可以自由获取更多智慧。每一次知识和科技的进步都会使力量有所增长，而伴随这种力量产生的还有相应的道德选择。

客观地看待科技

科技为孩子提供了各种积极的网上应用，而如果我们只看到科技的阴暗面，并将积极的部分全部掩盖，那才是真正的危机。如果因为我们自身的恐惧或缺乏阻止这些恐惧的知识，而使我们的孩子错失了科技所带来的种种好处，那将是非常可悲的。

那么科技到底为孩子们带来哪些好处呢？具体来说，数字技术可以帮孩子及父母进行以下一系列工作：他们彼此之间能进行即时交流、搜索信息、玩游戏、做旅行安排；在孩子成人后，数字技术可以帮他们找工作；当俱乐部或校外活动结束时，孩子们可以给父母打电话或发短信告诉家长他们都做了些什么；可以通过手机摄像头分享经历或者在无聊的时候找点事儿干；与全球范围内的人进行对话不仅可以增长见识，还可以了解别国的风土人情；通过网络上的一些项目，可以使一些内向拘谨的孩子大胆地表达自己的观点，鼓励他们参与时事并提高对滥用药品的预防意识。

在教育座谈会上，我经常听到用数字技术的方式改善课堂实践。例如，在2003年美国杜克大学——iPod的合作伙伴，它并没有教育上的应用，但他们让学生们决定潜在的用途。于是学生们提出了各种各样的建议，包括建立一个心率音频库，供医学院的学生学习使用。

家长们要花些时间多陪孩子，以了解他们喜欢使用的服务和喜欢访问的网站有哪些。这样父母就能发现潜在的问题，从而对孩子做针对性的引导。技术本身并没错，虽然它不能解决社会问题，但是如果孩子能负责任地使用，技术就一定会对其产生巨大的积极影响。

（家长或校园 IT 系统管理员，孩子们处于 6~9 岁、10~12 岁年龄段）

利用科技可以改善社交技巧

2012年，美国机构"常识媒体"制作了一份名为《社交媒体，社交生活：青少年们如何看待他们的数字生活》的报告，这份报告引用了一些令人鼓舞的数据，强调超过四分之一的青少年说，使用社交网络使自己变得不像以前那么害羞或变得更外向了。其他好处还包括，找到了信心、更受欢迎、同情他人，同时他们自己也觉得更好、更开心了。除此之外，大多数青少年认为，社交媒体可以帮助他们与不常见面的朋友保持联系，并了解他们学校里其他学生的情况，还可结识一些有相同兴趣爱好的新朋友。

《育儿实践》的育儿专家伊莱恩·哈里根指出：

通过社交网络，孩子们将会获得社区意识。讯佳普（Skype）和推特网为大家提供了简易、廉价的联系方式。孩子们可以交流思想、分享音乐和图片——这会让他们觉得自己已经参与到辩论或讨论之中并为之做出了一些贡献。

数字技术对特殊人群好处多多

社会上有许多有着各种特殊需求的孩子，但可能连照看他们的家长都不知道数字技术可以为这群人带来一系列的好处。2001年到2002年，我对网络的可用性和可访问性进行了研究，并得出这样一个结论：网络对所有有访问需求的人的好处是一样的。美国专门关注人类与技术互动的学者雪莉·特克在1995年指出：

信息通信技术为人们提供了这样的机遇，用户们可以获取信息，可以与他们想联系的任何人通信，摆脱了物质和社会对他们身体、身份、社区以及地理上的限制，这也就意味着这些技术具有这样的潜能，可以解放那些在社会、经济或生理上处于弱势的人们。

在牛津互联网研究院（OXIS）的报告《下一代用户：2011年英国互

联网》中，健全人使用互联网的比例为78%，而残疾人使用互联网的比例只有41%。由于伤残种类及情况不同，每种伤残人士所需要的软件也不一样，当然这些软件并不需要那么复杂。

我是一名自闭症孩子的家长，手机使她变得更独立，因为她可以随时打电话求助。

（家长，孩子处于 19 岁以上年龄段）

虽然所有的访问都要受到父母的控制，但还是有一些积极作用，特别是对那些有特殊教育需求的孩子们来说。比如，Kindle、iPad对有视觉障碍的儿童就很有好处，因为你可以选择字体的大小，而运动有障碍的孩子则可以用笔记本来写东西。

（祖父母，孩子处于 2 岁及以下、3~5 岁年龄段）

我的小女儿患有阿斯伯格综合征，所以她对互联网的使用与常人完全不同……她非常紧张，所以我们不得不特别关注她的上网情况。请注意网络对那些无法调节自己的人群可能会有额外的风险。

（家长，孩子处于 16~19 岁年龄段）

下面这个令人鼓舞的故事出现在《2008 拜伦评论》的一篇文章——《孩子呼吁证据》中：

　　我是一名阿斯伯格综合征患者，视频游戏拯救了我的生命。因为我不能与他人进行面对面的交谈，所以我在学校交不到朋友。如果不是在我第一次打游戏时在网络上建立了第一份友谊，诚实地说，我不知道如今我还能不能在这里……它们无疑是最好的消遣活动，鼓励我在病魔中展现并培养好的那一面，进行合乎逻辑的思考和反应。通过视频游戏和互联网，我结交了很多朋友，而这是我在现实生活中所办不到的。

线上与线下的关系

　　如果我们能承认数字技术对我们非常重要，并且对我们每个人都有好处，那么我们还需要搞清楚线上与线下的关系。线上与线下的关系不是虚拟和现实的关系，更不是完全不同。实际上，线上的各种关系虽然可能会有不同的性质，但它们和线下的关系一样真实、有效。简单地说，大多数人以各种方式与他人相处或联系——面对面、打电话、电子邮件、脸书、发送短信，甚至是书信。我们的人际关系并不能简单地分为在线或虚拟关系以及离线或现实关系。而且，那些仅在网络上与我们交流的人和那些与我们面对面交流的人一样真实。

　　这些关系也不应该有不同的规则。约翰·卡尔是英国政府和联合国儿童网络安全的顾问，他强调互联网是日常生活的一部分，家长应该教育孩子在网络行为中应用的价值观、态度和道德观都应该和他们在现实生活中所表现的一致。《2010年CHILDWISE报告》在"数字生活"部分给出了接受采访的孩子们的感觉：

和真实的世界相比，网络世界并不是更危险、更暴露。甚至有些孩子认为虚拟世界其实更安全、更隐蔽，因为他们对选择放到网上的东西更有控制力。

这也与其他数字评论家的观点相呼应，比如，汤姆·查特菲尔德就曾说过：

这并不是说线上的我和现实中我的血肉之躯是丝毫不差的。然而，判断我在网上行为的最佳标准恰恰就是我在日常生活行为和打交道时用到的这些：我对学习和交流的时间分配；我和其他人的情感深厚程度；我的互动能否丰富我的人生。

数字技术带来的一个主要好处就是，通过数字层面的联系人的增加，无论是身边的还是遥远的，人们都在使用这项技术改善自己的人际关系。牛津互联网研究院（OXIS）在2011年的报告中，描述了互联网是如何影响你和朋友及家人之间的关系的：不管距离远近，互联网的使用大大增加了你与朋友之间的交流。互联网还会增加你与各种人的接触，与你性格相似的或不同的。与那些主流观念相比，互联网为人们创立了虚拟的"回音壁"，在这里每个人只倾听那些和自己想法一致的人们的声音。

让我们来想一想"社区"的定义吧。维基百科上是这样说的：社区是居住空间邻近或关系密切且有互动关系的一群人。社区是一个比家庭更大的社会单元，其中的人们拥有共同的价值观和社会凝聚力。它并不是一个简简单单的地理意义上的实体。

练习：时刻记住，我们正在探寻线上及线下行为所应遵循的社会准则。和你们的孩子进行讨论并让他们列出一张清单，列举他们在线时想要展现的十大价值观，如诚实、友好等。如果他们有热情的话，再列出一张需要避免的行为清单，以及这些消极行为可能会带来的后果。

数字策划师安东尼·梅菲尔德提出了一个非常有趣的概念——我们通常认为网络是数字世界的纳尼亚，是一个不需要全民参与的地方。他认为以电影《哈利·波特》的角度来解读数字环境会更好些：

这些地方脱离真实的世界，但更多的时候，它就在我们身边。只不过对于那些不是行家的人来说，这些并不能进入他们的视线里。然后，这使很多人觉得自己就像"麻瓜"一样。更糟的是，那些"麻瓜"瞥见了计算机专家们在忙些什么。该怎么办？忽视他们？团结起来抵抗他们？还是捡起一个魔杖，看看会发生什么？

相对于现实世界，网络正不断发展成为一个新的层面，它使我们利用现实世界的能力越来越强。所以，如果我们想继续利用好这一层面，就来看看我们工具箱里的一些当前选项吧。

在网络中有大量关于孩子们创造性应用技术的事例，这些往往是他们受生活中个人经历的启发而产生的。

作为对朋友自杀事件的反应，一个青少年在推特网上创建账户，在网络上专门赞美鼓励别人：http://mashable.com/2013/05/04/sweet-compliments-twitter

针对校园欺凌事件，一个孩子在推特网上创建账户，为学校里的其他学生提供积极的评价：http://www.cleveland.com/bay-village/index.ssf/2013/05/bay_high_school_senior_lauded.html

在曼彻斯特，创立了课外代码俱乐部：http://www.manchestereveningnews.co.uk/news/greater-manchesternews/talking-digital-teaching-manchesters-children-4750001

一个孩子发明了可以快速充电的高容量电池：http://mashable.com/2013/05/22/super-capacitor-eesha-khare/

一个孩子针对胰腺癌制作出高精确度且廉价的测试方法：http://www.thinkingdigital.co.uk/speakers/2013/jack-andraka

澳大利亚人（和全球公民），包括儿童在内，可以签署一份保证书，承诺利用互联网做好事：http://www.aplatformforgood.

org/index.php/pledge/use-your-power-forgood

　　这里有一些让生活变得更美好的建议，包括科技所带来的乐

趣：http://www.aplatformforgood.org/summer

练习：花点时间，和孩子一起想想还有哪些使用互联网的创意。

第3章 用好工具：为孩子插上科技的翅膀

　　科技带给人们的好处有：获取信息；使孩子们能接触不同的文化、文学、音乐和媒体，从而开拓他们的视野、打开他们的世界之门；获得教育资源；能够创建媒体；玩游戏所带来的乐趣。而实现这些的诀窍是给予孩子正确的工具并保持对话。

你需要为了开灯而去学习电流是如何做功的吗？不需要！因为我们只需知道如何更换灯泡，就能使电灯发光。同样，我们也不需要为了使用互联网，而去把互联网的一切工作原理都搞明白。然而加深对这些常用工具的理解，既会增强自己上网的信心，也会增强让孩子使用正确这些工具的信心。

我加入了脸书，这样我就能浏览他们的主页。我坚持拥有他们的电脑密码，这样我就能随时检查他们的浏览记录。我只这样做过一次，而且他们还没学会删除浏览记录。我自己也经常上网，因此我能和他们一起参与到网络中。我们谈论我们看到的内容、分享链接等，因而这成了我们对话的一部分，我们谈论安全性、用户名、年龄等内容。

（家长，孩子处于 16~18 岁年龄段）

当前最热的网络平台

社交媒体的发展相当快，"最新的平台"似乎也在不停地切换：现在到了我们全部加入Google+的时候了吗？正如我们在现实生活中经常去一个固定的地方一样，我们在网络上经常访问的网站其实也是相当固定的。《2013年CHILDWISE监测报告》显示，5~16岁人群有三个非常喜欢的网址，依次为：脸书、YouTube和推特。它们分别于2004年、2005年和2006年上线。在本章中，我们将了解这些网站以及其他一些网站。需要注意的是，皮尤互联网在2013年5月进行的一项调查显示，脸书上有很多成年人和很多的戏剧故事都在建议青少年们不要在脸书上花费太多的时间，这意味着他们已经加入这些平台，如推特、图片共享（Instagram）和轻博客（Tumblr）。

一些网站正在兴起，而一些网站已经不再流行。2010年，人们主要在美国社交问答网站（Formspring）讨论有关青少年的上网问题。到了2013年，人们又转移到了欧洲社交问答网站（Ask.fm），在该网站你可以提出各种开放式问题，有时也会收到令人烦恼的回复。与此同时，像Medium、网络信使（WhatsApp）、Vine、Keek和Pheed等诸如此类的网站也开始出现在"可能会受欢迎"的行列中。就像前面所提到的，花些时间和孩子谈一谈，看看他们正在使用什么，最好能让他们自己展示一下，并对照本书结尾部分推荐的网站。

音频服务

在网上有很多提供音频服务的网站，常用的有以下这些：

Soundcloud：允许免费上传时长不超过2个小时的音频文件。音频文件会嵌入网页中，并可能得到评论，用户还可以建立"最喜欢"文件夹，以方便再次访问。

Audioboo：既可以使用网页也可以使用移动设备，在移动过程中进行快捷、简短的声音记录，同时还可以添加图片、标签和地点等有用数据，能非常精确地捕捉到事件发生后人们的即时反应。

Spotify：是一个具有商业性的音乐媒体服务平台，从几个知名的独立唱片公司那里获得支持，提供受版权保护的正版音乐。到2012年12月，Spotify已经有大约2 000万用户，其中500万用户使用的是付费服务，这些用户可以免受广告打扰，无限量收听音乐，包括离线的时间在内。

博客

博客，是一种在线日志，随着博文的发布而随时更新，而且发表的博文是按时间倒序显示的。博文的主题随便什么都可以，通常都是作者感兴趣的内容。博文通常包含文本、图片、视频、其他网站的链接和其他用户的评论。写博客需要投入大量时间，但是2010年LSE关于欧洲儿童互联网应用的研究表明，11%的孩子都会写博客。关于9岁孩子玛莎的博客"不做第二名"的新闻报道更激发了孩子们写博客的热情。

Blogger、WordPress以及Tumblr只是可供使用的众多博客平台之中的几个。就博客的设计而言，Blogger网站的使用比较简单。相比之下，WordPress则有大量的额外选项和一个非常大的用户社区，可以托管在你自己的域名之下。像Tumblr这样的网站由于其发文简单快捷、剪贴薄的设计风格独特，因而很受年轻一代的欢迎。

在孩子的博客上会看到哪些内容

2008年，大卫·白金汉教授访问了很多孩子的博客空间，这其中既有男孩的博客，也有女孩的博客。虽然这些空间是对所有人开放的，但里面的内容很明显是面向他们的朋友的。最典型的内容包括个人主页、友谊公示、粉丝信息、家庭和文化传承等，通常都以"火星文"的形式书写，掺杂一些代码信息和动态照片。当孩子们进入青春期后，特别是女孩，语言变得更加尖刻，丢弃了童年时期的偶像，有了明显的性别特征，并且对成人特别是老师更具批判性。与此同时，不仅在网上，她们在生活中也开始展现出越来越强的世界意识。

我们一直强调信任和交流的重要性，所以值得注意的是，在阅读孩子的空间前一定要与他谈一谈，以免让他误以为你在背后监视他。这样的谈话还能帮你引出有关他博文内容的话题，在鼓励优点的同时提醒不足，使消极的内容最小化。你或许还想插手帮他想一想该写些什么、如何写，以及这些内容对他未来的数字生活将会产生怎样的影响。但不要忘了，这是孩子的个人空间，他有权力去决定如何安排，而且他们很可能只是想简单地玩玩而已。

如何在流行平台上进行隐私设置

绝大部分的博客，在默认的情况下，是设置为向所有人开放的。但是大多数都可以设置为"仅受邀用户可以阅读"。

• Blogger: https://support.google.com/blogger/answer/42673?hl=en

• Tumblr: http://www.tumblr.com/docs/en/ignoring

• WordPress: http://en.support.wordpress.com/settings/privacy-settings/

书签

一旦用户将所有"书签"存储在自己的计算机中，在以后的若干年内，都可以在互联网上将链接分享给他人。像Digg、Delicious、StumbleUpon以及Reddit这样的网站，都允许用户在提交链接的同时对选择这些链接的理由进行评论，还可以加上标签进行适当的分类，这样就能使其他用户更方便地找到相关材料。建议老师们经常使用这些工具，以收集相关的网页链接供教学使用。家长们也可以使用这些工具制作列表，将经过审查的网页地址收藏起来，供自己的孩子使用。

脸书

脸书（Facebook）创建于2004年，是以18~34岁的人为核心用户群而建立的，但是如今在脸书上可以发现各个年龄段的用户。甚至老年人已成为脸书快速增长的用户群，因为老人们非常热衷于去看孙子、孙女的照片。在世界范围内每个月有超过10亿的活跃用户，这使脸书名声大噪。大多数用户也会使用离线服务与那些离线的朋友联系。尽管有报道说，人们正在退出脸书，但其用户的总体数字依然保持上升态势。

> 大约1年前，我14岁的女儿停止她脸书账户的使用，因为她觉得那是在浪费时间。我很高兴她能想通并且不让自己随波逐流。她的这个决定并不是在父母的压力下做出的，因为我们在脸书上都有自己的账户。
>
> **（家长，孩子们分别处于 6~9 岁、10~12 岁、13~15 岁年龄段）**

尽管脸书的服务条款对13岁以下的儿童进行了限制，但《2012年CHILDWISE监测报告》显示，在9~16岁的孩子中，大约有四分之三的人在使用脸书。他们或者拥有自己的账户，或者使用父母或朋友的账户。其中33%的人属于活跃用户，27%的人只是被动的使用者——他们只是建立一个账户，查看一下朋友们在做什么，却很少发布内容。

在脸书，你可以向脸书上的其他用户发送"好友申请"，也可以接收"好友申请"。对于这些申请，你可以接受、拒绝或忽略。你可以在"墙"上晒一些更新，包括文本、照片和视频，这些都将出现在你的"个人资料"里。可以分享私信、即时信息的加入，可以标记的照片和踩点，用户还可以参与到名人和企业的主页中。你可以通过点击这个网址阅读最新、最完整的脸书术语：https://www.facebook.com/help/219443701509174/

很多新闻报道表明：很多的年轻用户仍在使用脸书，但只是作为一个工具，因为大家都在使用，而非因为那是一个他们非常喜欢的网站。一些用户认为这个网站的发帖过于凌乱，他们并不知道脸书"好友"的个人信息，更不知道对方的爱好，而且现在想找一个真的和他们自己相关的事情也变得越来越难。

有关使用脸书的若干建议

• https://www.facebook.com/help/ － The Facebook "help" pages are highly functional and full of good advice

• http://j.mp/WallSTFB － A simple diagrammatic overview of Facebook privacy produced by The Wall Street Journal

• https://www.facebook.com/safety － Pages developed by the Facebook "safety team" for parents, teachers, children, and "law enforcement officers"

• https://www.facebook.com/fbprivacy – A Facebook page that will feed regular practical suggestions into your newsfeed

设置访问权限

家长要注意，孩子们在网站上发布的全部内容基本上都是完全开放的，例如，他们喜欢的品牌。要提醒孩子在个人主页上设置访问权限，还要让他们明白有人可能会剪贴和粘贴这些内容。

• 管理那些可以查看你的更新并能进行评论的人：

https://www.facebook.com/help/393920637330807

• 不要在照片和发帖中标记自己：

https://www.facebook.com/help/140906109319589

• 举报不良、侮辱性内容：

https://www.facebook.com/help/181495968648557

• 阻止一些人查看你的内容：

https://www.facebook.com/help/168009843260943

弃用或删除脸书账户

幸亏有欧盟立法的保护，脸书对18岁以下用户的隐私设置强度要大于其他用户。然而如果有孩子隐瞒自己的年龄，那就起不到这个作用了。

• 举报13岁以下的脸书用户：

https://www.facebook.com/help/157793540954833/

• 暂时弃用或永久删除自己的脸书账户：

文件存储服务

文件存储服务是为了存储用户文件而专门设计的，特别是针对那些较大的文件，如果使用电子邮件传送这些大文件的话很可能会引起一些问题。这些文件可以通过某个设备上传，然后再下载到其他设备。有时一个文件的上传和下载是同一个用户完成的，但更多的是拥有访问密码的其他用户，从而实现对移动文件的访问。最著名的这类软件包括: Dropbox、SkyDrive、AVG LiveKive和Google Docs。这些软件使你能够访问在任何地方上传的文件，并避免收件箱被塞得满满的。而像Scribd和 SlideShare这样的软件还可以将共享文件向更多人开放。

要知道，因为存储数据的服务器分布在世界各地，所以那些被立法保护的信息应该不在这些文件之内。

四方网

基于地理定位的网站——四方网（Foursquare）拥有3 300万用户。结合脸书的地理服务，并随着能够GPS定位的智能手机使用量的增加，越来越多的人在各个地点"签到"，并将这些地方通过脸书和推特网这样的服务网站与朋友们分享。

在四方网，用户可以"签到"，告诉朋友们自己在哪里，追踪他们的历史足迹，以及圈出和他们一起出现在某地的人们。用户可以发布照片，对彼此发布的东西进行评论，还可以解锁徽章，那些在某个地点出现次数最多的人就可以成为"市长"。

安全提示

• 建议你不要在自己的家中"签到"，除非你想成为入室盗窃的潜在目标。

• 尽管软件会提醒你定期"签到"，但请不要这样做，以免泄露你的日常行程路线。

• 如果你担心自己的隐私，可以考虑在离开某地时"签到"，而不是刚到达某地就"签到"。

谷歌搜索

提到"搜索"二字，大多数人都会想到谷歌（Google）。值得提醒的是，谷歌只是一个商业公司，它会对我们要访问的内容进行过滤。尽管对网站搜索来说，通常默认的是使用谷歌，但是越来越多的人开始使用移动App，直接在YouTube上搜索，或者在脸书、推特网上寻求推荐等方式来查找自己想要的信息。

谷歌可能会返回很多有趣的查询结果，但是谁又能知道自己的孩子会输入些什么词呢？在孩子刚开始使用搜索时要陪伴他，以确保出现"安全的查询结果"而避免出现不愉快的意外。家长还要了解如何查询互联网搜索记录，时刻留心孩子的上网情况。如果孩子只是漫无目的地随便搜索，还不如用这些时间去做些更有意义的事情。

有关使用谷歌搜索的若干建议

• 你可以在http://www.google.co.uk/preferences打开"安全搜索"，勾好标有"过滤掉色情内容"的方框，尽管这样做并不能保证万无一失。

• 网页https://www.google.com/insidesearch/tipstricks/all.html对你能搜索到的内容以及如何改善搜索结果，提供了很好的建议。

• http://www.google.com/trends/hottrends#pn=p9提供了很多双向对话的出发点，强调突出英国目前最热门的搜索关键词，而其他国家的用户也能很容易地找到在自己国家相应的热门关键词。

• https://support.google.com/accounts/answer/54068?hl=en阐述了如何查询谷歌的网页浏览记录、搜索记录。

谷歌+

谷歌+（Google+）于2011年中期正式亮相。据谷歌公司描述，这使其很多的在线资产在"社交层面"上得到提升，因此它与传统的社交网站相比有很大的不同。2012年中期，谷歌+允许年龄满13岁的用户加入。很多人认为那是个充满"墙头草"的空间，因而不愿加入。但截止到2013年5月，谷歌+每个月的活跃用户已经达到3.59亿。其"+1"功能与脸书的"喜欢"相似，会影响Google搜索结果的排列次序。

关于 Google+ 的有用建议

• http://www.google.com/intl/en/+/safety/ 是专门为青少年、家长以及教育工作者设计的，详细描述了专门为18岁以下的孩子所设计的安全功能及特性。

Instagram

Instagram现在归脸书所有，有1亿用户。它是一个支持在线图片共享服务的网站，支持用户抓拍照片，应用各种数字滤镜，放到其他社交网络分享。虽然该软件声称用户应该在13岁以上，但并没有进行必要的核查。

2013年皮尤互联网调查结果显示，在最受青少年欢迎的社交网站中，Instagram排在第三位。那些10多岁的孩子表示，访问该网站对他们来说是一种享受，喜欢其简易的操作，而且这里没有太多的成人参与。由于现在的手机都带有摄像功能，而且很多名流偶像在这款应用中都有自己的个人档案，因此它的"火"也就在情理之中。

有不少人因Instagram对自己的照片享有全部权利而感到担心，于是Instagram在2013年9月推出了"Pressgram"，网址为：http://pressgr.am，用来维护用户照片的所有权。

关于 Instagram，父母需要知道些什么？

• Connectsafely.org 为父母写了一篇语言优美、简单易懂的操作指南，可访问以下网址下载：http://www.connectsafely.org/wp-content/uploads/

instagram_guide.pdf。

领英

领英（LinkedIn）在商业界享有盛名，并且在该网站构建内容也是非常有意义的，特别是如果你想进入大企业、大公司的话。因为作为很多经理人想要加入的"社交网站"，它可称得上是第一家。

领英有超过2亿的用户，他们可以导入自己的简历，与知名的职业经理人取得联系，还可以通过网站展示他们的知识或技能。对于猎头、求职者和企业家来说，领英是一个不错的网站。

拼趣网

拼趣网（Pinterest）于2010年正式上线，在2012年1月人气大涨，并取得了飞跃式发展。拼趣网是一个以图片为基础的书签网站。截止到2013年5月，用户已经达到4 870万。用户可以在主题"板"上收集材料，就好像把感兴趣的文件用大头钉钉在张贴板上一样。链接所选图片的源页面，选择的图片就被"钉"在张贴板上了，然后其他用户就可以共享这些图片。我们一般不建议上传图片，除非这些图片是属于你自己的。在拼趣网，用户们可以分享灵感、报价、数据图表以及他们想买的东西。一些统计数据显示，用户们在拼趣网上花费的时间和在脸书上花费的时间一样多。

这款软件操作起来非常简单，这里再提供一点儿帮助。该网址https://

help.pinterest.com/home告诉你如何拦截不良图片以及如何举报张贴不良图片的用户。

Snapchat

　　Snapchat是一款传送图片信息的手机软件，供12岁以上人群使用。Snapchat的操作非常简单，在13~24岁人群中特别受欢迎。通过Snapchat可以与朋友和家人分享图片和视频短片，如果需要还可以加上一些涂鸦和文字。分享的图片最多只有10秒钟的生命期，此后这些内容便会消失。每天全世界在Snapchat上分享的信息超过5 000万条。

　　尽管图片"自行销毁"这样的事会让我们产生控制错觉，但实际上接收方还是很可能对图片进行截图，而且信息是通过计算机服务器传递的，因而会在这些服务器上留下副本。

　　关于Snapchat，家长们需要知道什么？

　　Connectsafely.org 为父母写了一篇非常简单的指南，用户可访问以下网址下载：http://www.connectsafely.org/wp-content/uploads/snapchat_guide.pdf。

讯佳普

　　讯佳普（Skype）现在属于微软，可以实现即时讯息、文件传送和视频会议。讯佳普的用户之间可以使用该服务免费打电话，但是如果与其他座机、移动电话打电话则会产生一定的费用。讯佳普虽然没有内置的功能来实现语音通话记录的存储，但可以通过复制聊天记录来实现存储。如果为讯佳普配上像Pamela这样的软件就可以实现录音的功能。

讯佳普的目标用户是13岁以上的人群，讯佳普建议父母参与到孩子的在线活动中，以确保它从孩子那里收集到的信息都是得到其父母许可的。

对未成年用户的特别服务

讯佳普还有一项名为Skypito的服务，是专门针对2~14岁儿童设计的，网址为http://www.skypito.com/，该服务用户界面更简单，孩子通过该软件与任何人联系都要首先征得家长的同意。

推特

推特（Twitter）是一个微博客服务网站，创建于2006年，最初是建立在文本短消息的基础之上。"推文"的字数限制在140字之内，展示并发送给"推文"作者的"追随者"。当其他用户发表了这篇"推文"就叫做"转发"，从而使得这篇"推文"在转发用户的"追随者"之间流传开来——这是一种真正的赞美。推特真的是个很棒的平台，通过给"推文"加标签，如"#数字育儿"，可以起到活动链接的作用，在这里你可以结识有相同爱好的朋友并保持与他们的联系。

2013年5月，推特已经拥有超过5亿的注册用户，其中每个月有2.88亿活跃用户，特别是年龄在55~64岁的用户人数还在继续增加。美国常识传媒最近的调查和《2012年CHILDWISE监测报告》都显示，有大约25%的青少年在使用推特。在英国，十五六岁的女孩最喜欢发表"推文"，而阅读"推文"的用户就更多了。其他促使青少年使用推特的因素还包括：很多名流人士也在使用推特，新闻广播员和电视节目都会公告推特用户名和标签，他们的朋友上推特网的也越来越多等。

有关推特的使用建议

• https://support.twitter.com/groups/57-safety-security就如何修改设置，如何发表"推文"提供了很多方法，并为青少年及其家长、学校提供了一些建议和使用技巧，其中还包括如果你在推特上看到自杀、自我伤害等相关的内容时应该怎么做。

YouTube

YouTube（现属于谷歌）创建于2005年，它是一个视频分享网站，用户可以上传分享视频，还可以根据不同主题为自己保存的视频创建播放列表。到2012年1月，平均每分钟上传到YouTube的新视频长达60小时。2013年5月，YouTube每月有10亿独立访客，其中18~34岁的人群最为活跃，每个月观看视频的时长高达60亿小时。

和很多其他网站一样，YouTube也是为13岁以上人群创建的，但是该网站有大量的视频是面向更小的孩子的，孩子可以和父母一起看。在我上传的文件中就有这样一些视频，比如：埃尔莫、公车的轮子和粉红猪小妹。《2012年CHILDWISE媒体报告》显示，YouTube网绝大多数的活跃用户都是男孩，其中18%有自己的账户，大部分还没有注册，仅仅观看视频而已。

正如一个十二三岁的孩子所说："在那儿什么都能找到。"现在YouTube已经是第二大的搜索引擎，而且它还有各种"入门"视频。你可以利用这些视频学习如何弹吉他或修车等，但是一定要注意信息的质量。

在YouTube网上有大量的信息，其中也有一些不良的内容。虽然YouTube有一种安全模式，用户可以自主选择打开或关闭，但是YouTube自己也承认，这并不是很有效。而且当你快速搜索"YouTube安全模式"时，就会出现很多指导用户如何关闭此项功能的视频。

有关 YouTube 的使用建议

在这个网址http://www.youtube.com/yt/policyandsafety/safety.html有很多有用的信息。一些你可能会很感兴趣的具体项目包括：

• 创建和编辑播放列表，特别是为了低龄儿童：

http://support.google.com/youtube/bin/answer.py?hl=en–GB&answer=57792

• 制作一个专有视频，只与50个用户分享：

http://support.google.com/youtube/bin/answer.py?hl=en–GB&answer=157177

注意，在YouTube上的评论并不总是那么有意义，所以在发表评论之前你可以设置预先审核。筛选评论内容也值得你去试一试，特别是如果你的孩子上传了一些创造性的作品，请访问：http://support.google.com/youtube/bin/answer.py?hl=en–GB&answer=58123。

对不良视频的处理办法

鉴于YouTube上传视频的规模之大，处理不良视频的方法必须是主动的而不是被动的。这意味着，如果你上传的视频产生了你意料之外的不良后果，你就会感到很后悔。虽然视频可以被删除，但是它很可能已经被复制，所以在上传视频之前一定要认真想想。

YouTube确实致力于消除不良视频，包括色情短信、恶意的恶作剧、拙劣的模仿以及暴力争斗，但是面对如此大量的数据，这项工作要花费它几个小时才能完成。如果你发现有破坏社会准则的视频，可访问http://www.youtube.com/t/community_guidelines。

只需点击"发送"按钮就可以与孩子保持网上联系，这确实非常简单。而在外出时，对很多人来说，明信片和电话仍然非常好用。接下来，我们还将回到父母应采用的策略这一话题上。因为在孩子可以采用的众多选择中，科技仅仅是其中的一部分。

练习：了解一下孩子正在使用的工具清单，和孩子讨论正在使用的工具，从中挑选一个最需要重点关注的，花几周时间来加深你对它的了解，从而增强使用该工具的信心。

第4章 福祸相依：数字文化对孩子的影响

在网络使用初期，在学校使用互联网的一个初衷，就是让更多的孩子参与进来。如今随着互联网在家庭的普及，网络已成为主要的休闲平台。很多孩子其实真的说不明白他们在学校的互联网上做了什么，因为那里的网络通常是被锁定的，所以很多网站根本无法访问。在这一章，我们就来了解孩子们所处的数字文化，哪些是积极的，哪些是消极的。

近年来的很多报告让我们知道有多少孩子在使用网络，他们在网上做什么，他们在网上花费了多少时间。由伦敦经济学院（LSE）进行的"欧洲儿童在线项目"发现：虽然大多数像脸书这样的社交网站都规定用户至少要满13岁，但是有相当多的13岁以下的儿童有自己的个人网络档案。越来越多的人在用手机上网。最新的宽带和手机支付方式也消除了以前阻碍访问的种种限制。而笔记本电脑、平板电脑和电子阅读器也纷纷降价，越来越多地成为送人的礼品。

《2012年CHILDWISE监测报告》强调，对于小学生们来说，最常见的网络活动就是打游戏和看视频短片。只有11岁以上的孩子才更愿意参与到有交流沟通的活动中，比如建立一些社交网站或发送即时信息。我们需要教育孩子以一种合理的方式来使用网络技术，因为使用网络技术的方式越少，不良习惯的改变就越困难。为了给孩子一个清晰的、可定义的界限，使他们明白一些网络结构，我们需要了解孩子们参与的空间、了解孩子们参与的方式。2010年BBC提供了一个测验，该测验对各种网络行为提出了见解。当时，麻省理工的一个团队也对理解内向行为和外向行为提出了更深刻的见解并指出，从使用这项技术的人开始比从技术本身开始更重要。

"数字原生代"的神话

2010年CHILDWISE《数字生活报告》强调指出："如今的孩子就生活在一个数字世界里，互联网影响着他们生活的各个方面，他们永远不能理解那个曾经没有网络的时代是什么样的。"这可能是真实的，但是对此的理解往往会演变成一种恐慌：

那是个雷区！！在这个领域技术已经如此发达，再往前一步将是一条荆棘之路。我们已经成为父母，但仍难摆脱曾经的童年生活对我们的影响。

（家长，孩子处于 19 岁及以上年龄段）

然而我们需要明白，使用数字技术并不意味着我们需要理解它的工作原理。难道我们会开车就表示我们都是机械学家吗？"数字原住民"和"网络一代"这样的词语被创造出来，无一不是延续这一概念。每个孩子都知道自己在网上做什么，而家长们似乎也对此表示同意：

孩子总是比我们知道的多，我觉得这是个问题。在我的学生时代，还没有计算机，所以我对它们一无所知。现在，我不得不学习这些知识，特别是当我被孩子们远远地落在后面时。

（家长，孩子们分别处于 16~18 岁、19 岁及以上年龄段）

当我刚为人父母时，感觉那就是个雷区。我意识到与那些数字原生代的孩子们相比，我很可能会落后一步！但是，我相信，在适当的指导下，数字工具提供给孩子的是一个很好的学习机会，并且总体来说会对家庭生活有好处。

（家长，孩子们分别处于 2 岁及以下、3~5 岁年龄段）

如果我们承认孩子们属于"数字原生代"，从根本上就与我们不同，那么就很可能会影响我们做父母的信心。协作、创新、透明、开放，诸如此类，往往被认为是年轻一代的特征，并且从他们身上也确实可以看到这些。但是研究表明，在各个年代的人身上都可以找到这些特征。2012年的

"欧洲儿童在线研究"发现，在接受采访的25 000个孩子中，只有20%的人符合这个人们对他们的一贯印象。我也对很多学生进行过观察，他们在使用社交网站例如脸书时很开心，但是在进行有效的在线搜索时又会觉得很难，这一点在一些在线学习会议上也被其他人印证过。每代人都不同，造成这种不同的因素有很多，但绝不仅仅是科技。

2001年，马克·普伦斯基使"数字原住民"这个词语流行起来，它是指那些在美国教育体系中，伴随数字技术成长起来的那群人。在牛津大学，由戴夫·怀特领导的团队发明了更有用的概念——"数字居民"和"数字访客"，这更多的是根据态度而非年龄来定义的。"访客"是将互联网视为一个工具，上网只是为了完成某项任务。"居民"则视自己为网络社区中的一员，而不仅仅是为了获取这样一个网络工具箱。虽然我因年龄太大而不能成为一个"数字原住民"，但我绝对是个"数字居民"。

日新月异的网络环境

现在，网络环境已经改变了：越来越多的人在家通过无线宽带上网；我们有了更多的移动设备；在线和离线的切换也变得更容易；通过时移电视，我们可以更多地控制观看的节目了；我们能在网上购物，能在网上搜索信息，还可以在"云盘"存储文件；即使我们在出行过程中，也能通过社交网络与他人保持联系；我们还能使用带有各种功能的GPS。数字网络的变化速度对于不同的年龄层体验也是不同的——对于那些记得宽带出现之前的人们、记得智能手机出现之前的人们、记得脸书问世之前的人们、记得任天堂游戏机出现之前的人们来说，他们感受到的速度变化都是不同的。由于我们之前的不同经历，我们对自己经历的体验和品读也是有差异的。

在过去，大人会在生活中慢慢向孩子介绍这个世界：先是家人和本地的邻居，然后是整个国家，最后是国外。随着互联网的出现，整个世界都在我们的指尖之下。再说"你不能拥有"已经没有任何意义了，因为即使是家里没网的孩子也会在别人家里接触到网。CHILDWISE报告的客观事实表明：年龄稍大一些的孩子会使用互联网与他们每天见面的朋友们交谈，继续他们的对话，分享笔记，制定规划；而较小的孩子则更关注与那些住得比较远的朋友和家人保持联系。

> 脸书真的是个不错的工具，特别适合那些处于分散人群的人们之间进行交流，既可以与亲戚和朋友保持联系，又可以使家庭成员更亲密，例如爷爷、奶奶可以分享孙子、孙女们的成长瞬间，即使他们住得很远。
>
> （家长，孩子处于 16~18 岁年龄段）

> 我喜欢网络，它让沟通变得如此快捷。孩子们可以通过Skype与远在澳大利亚的舅舅、舅妈及表兄弟们交谈。我觉得因为脸书，我对他们生活的了解，比我父母对我的了解还要多。
>
> （家长，孩子们分别处于 16~18 岁、19 岁及以上年龄段）

培养孩子处理问题的能力

在网上的时间越长，就越容易遇到一些不好的经历，当然好的机遇同样也会遇到。南希·威拉德是一位网络欺凌问题的专家，她号召我们要去理解年轻人，他们中的绝大多数都想做正确的选择，他们不想被伤害，也不希望看到他们的朋友或其他人被伤害。我们不能控制他们所处的整体环境，无论是在线还是离线，所以父母们应该给孩子这样一种能力——当他们遇到问题时处理问题的能力。

莱斯利·哈顿博士参与了伦敦经济学院的欧洲儿童在线项目对欧洲25 000个孩子的研究，他说道：

孩子并不是完全一样的……一个孩子认为是高风险的事情在其他孩子看来很可能是非常安全的。所以首先要询问孩子们的在线困扰是什么，听听他们怎么说，然后再提供相应的帮助。

CHILDWISE《数字生活报告》曾要求孩子们回到过去，向维多利亚时代的孩子们解释互联网是什么。

很多大孩子试图解释互联网的工作原理，而小孩子则重点介绍互联网能让他们做什么——那是一个交流沟通的地方，在那里可以发现探究问题，可以玩游戏，可以创造，并拥有很多乐趣。一些孩子更是用"包罗万象"来形容互联网能为他们提供的东西。

练习：让你的孩子选择自己的听众——来自过去的孩子、外星人或来自丛林深处的人，然后让他试着向这些人解释互联网。从他的论述中洞察他所存在的问题，并和他进行深入探讨。

关注青春期孩子的变化

在孩子13岁后，他的在线选择一下子增加了很多。根据美国法律，绝大部分社交网站，例如脸书、推特和Snapchat，都将合法的访问者年龄限制在13岁以上。虽然很多孩子在更小的年龄就开始上网了，当然他们通常是得到了父母的允许。因为他们有零花钱和自己的兼职收入，这些十几岁的孩子被视为可访问且有高消费能力的群体，而且这个群体对科技产品还有着较高的拥有率，因此对这个群体的研究就颇具意义。2010年皮尤互联网针对17岁的年轻人进行了一项调查，将他们进行沟通交流的7种主要方式按降序依次排列如下：

- 发送短信
- 移动电话
- 座机
- 面对面
- 社交网络
- 即时通信
- 电子邮件

书信竟然在补充说明中都没能被提到。皮尤研究中心发现十几岁的女孩子平均每天要发80条短信，而同龄的男孩大约要发30条。尼尔森公司的统计数据显示，好多十几岁的女孩子每月发送短信的总量超过3 000条。

　　记者杰夫·贾维斯对自己15岁的孩子进行过这样的描述：

　　　　杰克告诉这位行政长官，他从来不去直接访问带有某人标签的地方，比如报道这个人的报纸，甚至也不会去访问他喜欢的博客……他确实知道很多新闻，比我在他那个年纪知道的要多很多。他获取新闻的途径只是通过掘客、朋友博客和推特。他只在同龄人编辑的网络世界里，因为他相信他们，并且他们有着共同的兴趣。网络的信任是建立在同一个高度、同一个水平线上的，同龄对同龄。

　　这给我们一种感觉，似乎青春期的孩子们是独特的、与众不同的。但其实我们中的大部分人也是依据自己的经验和所信任的人的推荐来选择自己所要购买的东西。

　　很多人都说，试探行为底线、挑战成人规范、开始恋爱关系、玩个性、探索新的性体验、拥有或发现秘密、排挤同龄人或被同龄人排挤、欺瞒父母或担心个人发展，这些对青春期的孩子来说都是正常的。就如我们前面所强调的，在线和离线都是整体的一部分，这些在离线时发生的行为也会在网上发生。但是网上的东西传播速度非常快，而且可能会以意想不到的方式操纵或共享。青春期儿童的情感和发展状态被很多研究人员提及，他们提醒这些青春期的孩子在沮丧时不要在网上发布消息、图片及其他内容，因为这很可能会造成长期的伤害。这条建议对成人来说同样适用，同样值得采纳。

如果你想阅读一些近期有关这方面的内容，并希望这些内容是经过充分调研且具有很高的可读性，那么可以看一下2013年克里斯·戴维斯和瑞贝卡·艾农的新书《青少年与科技》。这本书对1 000多个孩子的经历进行了调查，并深入了解了其中的200个孩子，试图展现这些青少年对科技的各种经历及体验。有些青少年热爱科技，而有些则对此感到很矛盾，还有一些对科技抱有消极的看法。在青少年时期形成的习惯往往会影响到人的一生，贯穿于以后的学习和工作中。为了"赶上"孩子的脚步而不断去了解新技术，对于父母来说是一个不小的压力。作者认真思考了西方社会青少年比较典型的体验和经历，他这样写道："不要有这样的想法，不要认为年轻人特别是青少年只要一接触新技术，他们对新技术的理解程度就能马上超过我们。"

戴维斯和艾农一再强调，无论父母是支持还是反对，他们的态度都十分重要。如果孩子在上网时不能陪伴在他们身边，就表明你对孩子的安全持一种放任自由的态度，特别是面对如今这个风险管理并不太好的世界。作者强调离异或不和的家庭还会有一些特殊困难，因为在互联网的使用上父母常会持不同的意见，所以孩子们必须学会协商。作者还指出当那些较小的十几岁的孩子终于可以使用脸书时，他们会很兴奋。但是当他们发现脸书不过是社交生活的一个必要附件时，才发现网络原来并不像他们想象的那么充满乐趣。

在世人眼中，青春期孩子都会有以下共同特点：他们急着长大；对父母的依赖越来越少；与同龄人的感情越来越深；他们试图为自己的未来做出选择。很多青春期孩子是通过观察别人在个人页面上做什么来学习"社交准则"，等到好的时机出现，他们才会决定谁值得他们做"快速回复"。大多数孩子都清楚自己的听众是谁，并试图呈现真实的材料。当然，这份真实性还是会随环境而改变的。

对很多青少年来说，科技已经自然而然地融入他们的日常生活中。很多孩子都不会因为是新技术就对某事物感兴趣，而是更想知道它对自己有什么作用。这些十几岁的孩子更喜欢晚上在家里上网，这样既能受到家庭的保护又能获得自由，还能省出周末的时间出去玩一玩。戴维斯和艾农指出，在某些情况下，网络其实是为用户提供了一个安全的空间，例如少数几个人进行性探索。一些评论家注意到数字技术赋予了青少年额外的自由，然而所使用的设备又常常是父母花钱购买的，这就与真正的自主产生了矛盾。

给我买吧！给我买吧！

父母们确实说了不可以：不可以，你们不能熬夜；不可以，你们不能在饭前吃布丁；不可以，你们不能养狗。设置界限本来就是父母该做的，有时却很困难……我想问问广告行业的各位是否感到很舒服，直接以孩子为目标花了几百万的广告费，然后说，这一切最终还是要由爸爸妈妈来决定。

（孩子家长 引自 2011 年《贝利评论》）

孩子们从很小就开始参与到购买决策之中了，但是在2011年《贝利评论》中有一篇题为《让孩子回归童真——关于商业化的童年和儿童性关系的独立评论报告》的文章，该报告因孩子们接触到大量的网络广告而感到无比担忧。近年来网站的在线广告明显增多，像迪士尼旗下的网站企鹅俱乐部，就经常为最新上映的电影做宣传。对于很多品牌来说，网络与现实之间的跨越交互已经成为非常显著的宣传手段。如果从网络宣传开始，那么最终必会回到现实世界中，同样，如果从现实世界开始宣传，那么最终必然会走进网络世界。总之，会吸引更多人来为自己的商品"投资"。

广告现在变得越来越个性化。就在我写这些话的时候，我的网页上总是出现一些浴室洁具的广告，因为我之前在网络上搜索过相关产品。在大多数情况下，我们是能接受广告的，因为我们得到了快乐，而网站也要靠广告才能运营。在《2012年CHILDWISE监测报告》中，父母表示对那些通过手机发送的广告尤其担心，他们纠缠不休，一定要你购买他们的商品。虽然很多孩子发现在线广告非常烦人、使人分心，但是也有相当一部分人甚至都注意不到这些广告的存在。有20%的孩子并不会点击它们；有15%的孩子表示有时候他们很难分清哪些是广告；另有11%的孩子发现广告就是一些他们特别感兴趣的东西，如果他们想享受一些"免费服务"就必须首先接受广告。世界上没有免费的午餐，如果没有广告，那么很多网站可能就不会存在了。通过这样的系统，如"乐购俱乐部卡"积分系统，我们已经对网络广告习惯了。如果你想明白这些广告的原理，那么可以在Google搜索一下"定向广告"，你可能学会很多滤除部分广告的技巧。

我们生活的世界是由"拉式营销"而非"推式营销"来定义的。"推式"营销是不断地播放一个信息，希望有人会屈服于他的不断推销。然而，大部分社会传媒上的广告，都将重点放在"拉式"营销上。拉式营销是想办法吸引客户，而非生硬地向他们推销产品或服务。拉式营销以创意的宣传为手段来吸引潜在的客户，诸如博客、个性化广告、简报、送优惠券等。因为确实有些东西能引起我们的兴趣，所以作为交换，我们需要提供我们的个人数据。注意，像"喜爱""转发"或"G+"也都属于广告的"社交圈"，因为从所有你的链接中就可以看出你喜欢什么，虽然有可能你只是因为喜欢这些链接中出现的东西才打开这些网页的。特别要警惕那些提供你"免费iPad"之类的广告，或许他们想通过大量的点击量来证明他们是一个非常受"欢迎"的网站，从而达到通过这些网站赢利的目的。

　　在互联网上购物可以做购前调查、价格比对、采购决策和售后说明。数字研究公司eMarketer在沃达丰网站上指出：

　　　　在做购买决定时，十几岁的青少年经常依赖社会媒体和手机，既有传统的方式，也用创新的方法。他们通过短消息与关系密切的朋友分享打折商品的信息；在试穿衣服时，他们利用手机的内置摄像头拍照，然后将照片上传到脸书。

　　在网络经济中，年轻人并不怎么花钱，大部分钱都是家长为了给孩子买东西才花的，因此孩子们也会经常参与购买决策。作为父母，要了解年轻人。为了"很酷"的感觉，他们的身心也会承受很大的压力，还有青少年们也在不断地阻击那些色情图片。家长们应该尝试将关注点放在其他地方，而不是一味地讨论花钱的问题。

因为孩子的购买能力有限，所以凡是涉及付款的事总会成为问题。如果孩子需要为此放弃选择某项活动的权利，那么他就可能会放弃对需要付费文件的下载。有些父母为孩子提供了充足的金钱，所以他们根本不会考虑下载需要花费的费用。很多家长为了让孩子更好地理解金钱的价值，他们找到一种专项资金的解决方法。其中包括：某些应用的固定预算，上网时按时间每分钟象征性地收些费用，或者为某些特别的工作制定一个付费标准，孩子们可以竞争做这些事情。如果孩子们没有在指定时间内完成工作，那么付费标准就会下调。家长会根据孩子的完成情况将应支付的款项打到孩子的PayPal[①]账户。

马丁·路易斯在他的省钱专业网站就零花钱的重要性及零用钱的使用提出了一些建议，并且他还在一些学校成功地举办了有关理财教育的活动。如果你需要一些电子解决方案，那么可以找一下VirtualPiggy、A+Allowanc或iAllowance之类的软件。

练习：你和孩子是如何使用金钱的？关于零用钱你们都做了什么？你们还需要做哪些改变？

---

① 在线支付平台，相当于支付宝。

数字鸿沟

商家把电脑卖给家长的理由为"电脑是孩子教育的必备工具"，而卖给孩子的理由则是"好玩和游戏"，虽然这两者并不是完全排斥的。现在大多数家长都认为，电脑在好多方面都是必须有的，但我们所做的一切都是以孩子们能获得数字设备，并且家长们也能够负担得起相关费用为前提的。

> 我们认为现代科技应该变得更实用、更便宜。包括为那些贫困家庭或需要救济金的家庭提供免费的Wi-Fi或宽带，使父母能够和孩子们一起参与网络。
>
> **（家长，孩子年龄处于13~15岁年龄段）**

科技对于我们的社会生活，已经不仅仅是我们所能利用的工具，而是已经融入了大部分人的生活。那些没有机会接触科技的人与其他人之间就会产生所谓的"数字鸿沟"。这已经超出了本书的范围。如果你的家庭属于那10%的没有电脑的家庭，就要向孩子的老师说明这一情况，因为家庭作业中那些有关网络的部分将会受到限制，实验和演示的机会也变得很少，因为在学校或公共图书馆，这些作业必须在很短的时间内完成。

学校有计算机，但不同的老师对孩子们学习计算机的效果影响非常大，家庭也是如此。研究表明：那些在数字科技使用上接受过更好教育的家长，在网络使用上会给予孩子更多的积极支持；那些没有信心的家长则往往会给孩子设置一些规定，或者干脆使用技术手段限制孩子的访问。2010年CHILDWISE《数字生活报告》指出：所用的设备和家长的态度对孩子们数字科技的学习影响巨大。

孩子可以在哪里寻求帮助

索尼娅·利文斯通教授和她的团队在整个欧洲就"欧盟儿童在线"进行研究。他们惊奇地发现，家长在提供建议、制定规则、提供支持等方面，特别是当孩子在上网过程中遇到困难时，依然扮演着十分重要的角色。随着孩子年龄的增长，他们更倾向于向朋友寻求帮助，因为这些朋友很可能就是让他们开始产生上网兴趣的人。研究表明，目前大部分家长的参与都是在负面事件发生之后。由此可见，在帮助孩子参与网络活动的过程中，我们应该变得更积极主动一些。

研究还显示，绝大多数的孩子都不会将他们的负面在线经历说出来，一方面是担心家长会有过激反应，另一方面是觉得自己可以承担后果或者解决问题。相信能够依靠自己的能力有效地解决问题，也是青少年的一项重要生活技能。

练习：花时间想一想你的孩子愿意和谁交谈，你能做些什么来鼓励他们与你交谈或进行这样的谈话。

事实证明，讨论和规则搭配使用，是我们控制孩子使用数字技术的最好方法。对于我们，最重要的是如何保持讨论的继续进行。这样，孩子就会觉得根本没有必要向我们隐瞒他们在做什么。

（家长，孩子们年龄分别处于 13~15 岁、16~18 岁年龄段）

孩子亲近的人越值得信任，他们向陌生人寻求帮助的可能性就越小。那么，父母如何确保孩子向自己寻求帮助呢？一切答案都在于交流沟通……

第5章　有效沟通：解决问题的最佳方法

> 我们信任他们，在这些问题上也不断地与他们进行交流，这就意味着一旦有困扰他们的事情发生，他们会很快通知我们。我们相信，这才是预防的关键，比强制实施更有效。
>
> **（家长，孩子年龄处于 13~15 岁年龄段）**

这就是我所建议的核心思想，每本有关这个主题的书籍都会有类似这样的陈述：关于孩子们网络上的活动及行为表现，成人们需要与孩子们进行适当的交流。对于发生的任何问题，都要提供倾听和讨论的空间。这是育儿工具箱中最强大也最有效的武器。数字世界是孩子生活的一部分，是充满孩子生活的各种活动中的一个，它可以为孩子提供大量的机遇。下面我们来介绍如何帮助孩子安全且最大限度地利用它。

我们经常讨论哪些事是对的、该如何处理，但并不涉及太多的细节。现在重点是要建立信任，等他长大后，即使不在我们的监督之下，他也会合理地使用。

（家长，孩子年龄处于 6~9 岁年龄段）

莱格·贝利，母亲联盟的首席执行官，她在2011年为政府做过一篇《儿童商业化和性行为》的评论。该评论指出，现在家长和孩子谈论科技的方式与同孩子谈论性的方式极为相似。他们很紧张，既不知道谈话该到何处，也不确定从何谈起，同样也没把握如何在不过度强调负面内容的同时去引导孩子了解那些积极的方面。蒂姆·沃达是uKnowKids的创始人之一，他鼓励我们不要把这些当成技术问题，而要当成育儿问题：

设置界限，寄予厚望。去坚持、去满足这些期待是孩子要做的事。你要做的是协调一致，明白何时该放手让他们去独立运用科技。在孩子的数字生活中，你的角色不是由孩子的角色来定义的。

你会发现，很多育儿的书籍都会提到戴安娜·鲍姆林德博士，她明确定义了四种基本的育儿风格：

1. 权威型：以一种积极的方式主动介入其中。

2. 独裁型：积极参与，但以消极的方式。

3. 放纵型：正面主动参与，但是不活跃，没有效果。

4. 疏忽型：消极参与，而且不活跃。

正如你从这些定义中所看到的，她鼓励权威型的育儿方式，在这种育儿方式中，规则和界限的设定都是与孩子讨论后的结果，而且孩子们被鼓励敞开心扉，说出期望、恐惧和担忧。调查发现，采用这种育儿方法的家长会鼓励孩子积极地参与网络。

就如你在孩子身边，从看着他们学会爬、走路、骑单车，直到他们学习开车一样，你必须教他们学会适应数字环境，把握机遇并清楚潜在的风险。和他们谈谈，他们都看到了什么、有哪些体会；就像你在其他方面的做法一样，在设定界限的同时也要留给他们一定的自由空间；了解他们网络上有哪些朋友；探讨一下所需花费的时间成本及其他代价，而不是在问题出现后才考虑；明确后果；考虑一下意外的情况，让他们思考该如何应对这些意外。监测孩子一定不能让他们知道，否则不但没有效果，而且还会失去他们对你的信任。让孩子知道，你之所以密切关注他们的唯一理由就是如果他们遇到什么困难，你可以伸出援助之手。教他们尊重科技而不是害怕科技的力量。英国一家育儿网站这样说道：

虽然数字科技在我们生活中的作用越来越大，但核心的育儿技巧依然占有举足轻重的地位。让孩子有归属感，教他们学会相互依存和自强独立，并且有足够的信心使他们懂得生活的意义，这些依然非常重要。

当我看到孩子做错时，从来不向她直接发火，而是想办法开启一段对话，然后以委婉的方式让她明白我已经知道了。她马上就要16岁了，通过最近几年对她的指导，我觉得她正在学习如何在网络上管好自己。她一定观察过发生在她朋友们身上的一些无法控制的恐怖事例，这些也是一个艰难的学习过程！简单地说就是，只要我能一直和她取得联系、保持联系即可，出去走走逛逛那是她的自由。

（家长，孩子年龄处于 13~15 岁年龄段）

下面几本书可能有助于你和孩子的交谈：

● 阿拉斯泰尔·萨默维尔市，《伊萨贝尔在线：只是一个年轻人在线的故事》（2013），关于"在线生活"。

●《数字鸭的重要决定》，（修订版网络欺凌）：http://kidsmart.org.uk/teachers/ks1/digiduck.aspx。

我自己就是个活跃用户，所以我会尽可能更新到最新版本，那些安全措施基本上也是最新的。了解那些青少年社交网站，并向有较大孩子的父母咨询。

（家长，孩子们分别处于 2 岁及以下、3~5 岁和 6~9 岁年龄段）

目前，最有效的方法就是讨论他们该做什么，他们的朋友在做什么，哪些方式是错误的，哪些地方是存在陷阱的。

（家长，孩子处于 10~12 岁年龄段）

举办这样的集会是个好方法，家长们可以在会上听取别人的建议，分享解决问题的方法。

（家长，孩子处于 10~12 岁年龄段）

花一些时间与其他的家长进行探讨，可以在学校门口，也可以在像妈妈网这样的网站，坦率地说出你的想法，而且不要介意有人会问你"愚蠢的问题"。有些家长非常需要阅读这类书籍，但他们却根本不懂得去看，所以要鼓励孩子把你们教给他的那些好方法，告诉那些不能或不会这么做的父母和孩子。此外，让高年级的孩子就他们的生活提出见解，在学校提供一些资源、在学生通信簿上添加一些简短的攻略或小贴士，与周围的人一起分享也是一个不错的办法。关于数字科技的使用，在与孩子的每一次互动中，对孩子的活动至少要给予一次正面的积极肯定，这被称为"操作性条件作用"。这样，孩子就更愿意与你分享他们在数字生活中的方方面面。

我们会定期交流，特别是在出现某种新功能之后，我们会一起探讨孩子访问或使用新功能的可行性。我们不会每天都去监视他们，但在他们上网时，偶尔也会坐在他们旁边，和他们讨论他们正在做的事。这基本上都是在帮助他们做家庭作业或进行某些项目时才会这么做。我们很信任他们。我们相信只有信任、交流才是预防的关键。

（家长，孩子处于 13~15 岁年龄段）

　　关于谈话空间的营造，切尔西·克林顿①是这样说的，在她的成长过程中，媒体在她的家中是这样存在的：在就餐时，无论是电视机还是收音机都不会被打开，而且媒体消费是作为一种家庭行为。那些出现在他们生活之中，以及围绕他们生活的各种媒体，是他们最常谈论的话题。这些谈话往往是为了鼓励她在面对困难时学会"合理质疑"，就如在和谐的环境中要诚实、开放地表露情感一样。

　　那么，你打算每隔多长时间进行一次对话，谈谈你们家正在使用的媒体呢？TechMamas网站的创始人贝丝·布莱赤曼每天都会和她的孩子谈他们正在使用的网站，以便及时发现问题，避免让问题发展到不可控的程度。我建议你可以举办简短的每周会议，或在晚饭的餐桌上，或在某个大家可以坐在一起的地方，讨论决定是要停止使用科技，还是把它作为积极对话的一部分。讨论之前别忘了考虑一下你想讨论的各类话题，比如：

_____

① 美国前总统比尔·克林顿的女儿。

● 本周你都看了些什么？你喜欢哪些？

● 本周发生的最让你兴奋的事情是什么？

● 你在网络上看到过让你觉得不舒服的图片吗？你看到这些图片时的感受是什么？

在讨论过程中，你还会想到更多要讨论的问题。在这些谈话中，你需要做的就是引出重要的话题并认真倾听。你不需要去评判，但要注意提高孩子和你讨论的意愿和积极性。

制定《互联网安全协议》

关于贯彻落实一份《互联网安全协议》的问题，一位问卷受访者给出了这样的看法：

竟然有那么多的家长"完全不触碰"那些规则和设置，这让我感到很吃惊。家长们对如何安全地送孩子上学或生活中的其他事情，他们做得都很细心，但当和他们谈起互联网的安全时，他们总是回答"孩子比我知道的多"，这句话几乎成了他们的口头禅！

（阿姨、叔叔，孩子年龄处于 10~12 岁年龄段）

大多数的图书和网站，在探讨这一话题时都会建议起草一份家庭互联网协议，有些还会提供简单的协议样本，家庭成员只要签署就可以了。但是研究表明，家长还是应该和孩子具体讨论一下：这样一份协议应该写入哪些内容，哪些内容可以在几年后再加入，并加入一些符合家庭价值观的内容。例如写一份三列表格，分别写上"是，我们可以""不喜欢"以及"想都不想"，随着孩子一天天长大，规则也要进行适当的调整。

　　此外，还要花些时间来讨论违反这些规则所应承担的后果。否则，界限和规则就会被破坏。如果不断地违反规则，就应受到更严厉的惩罚。在最有效的协议中，家长的互联网行为同样应该受到协议的约束。

　　2010年CHILDWISE《数字生活报告》指出，很多家长制定了这样的协议——只包括"五不准"，但协议的执行基本上是靠信任。这种避免冲突的想法同样意味着协议的无效。来自妈妈网的嘉莉·朗顿指出：

　　　　客观地说，我也不敢保证我们是否有恒心……但是它开启了一段对话。它使我们坐下来，像一家人一样去思考我们都希望从科技中得到什么。它不会使我们所有人都意见一致，但它让我们看到了彼此的分歧。

　　家长们也应该注意发展孩子积极、正面的行为，而不是仅仅关注其不良行为。至于建立《互联网安全协议》只是为了让孩子意识到，你是希望他们能理解他们所处的空间、能学会负责、能知道网络上有哪些有用的东西。孩子需要知道在网络上每个人都会被监视，所有的网络活动都会留下

"数字指纹"，滥用网络同样要承担法律后果。

练习：想想你们家的《互联网安全协议》应该包括哪些内容，看完本书后，你再看看还可以做哪些改进。

目前，我们的孩子还很小，他们只有在家长的帮助下才能使用，所以我们还没有建立任何规则，但是我们该考虑这件事了。

（家长，孩子们分别处于 2 岁及以下、3~5 岁年龄段）

当你读完下一章，你将了解那些与你的家庭息息相关的事情，并制定属于你们家庭的互联网协议，那时你就能真正理解如何在网络资源中规避不良、乐享精彩了。

第6章 实用建议：数字时代父母的育儿良方

2012年英国通信办公室的调查发现，相比网络欺凌和网络不良信息，对父母来说最紧迫、最直接的担忧，是如何应对互联网对日常家庭生活产生的影响，比如：需要创造远离电脑的家庭时光、增加休息时间、增加体育锻炼等。本章将着眼于你可以采取的实用步骤，为你的孩子带来最佳的网络体验。不要忘记2009年英国政府运动所提出的口号："封锁隐私、阻拦可疑、举报问题。"2009年，英国政府要求每所学校都要开设专门指导学生安全上网的学习内容，让孩子学会不在网上透露个人信息，不接收来自陌生人或陌生网站的可疑电子邮件，遇到出现的任何问题及时向家长或老师报告。

玛莎·佩恩是一位9岁的美食博客——"不做第二名"的博主。在爸爸、妈妈的协助下，她给出了一系列小贴士，讲述了她们家是如何做到将数字科技融入生活的。其中包括：时间限制，即他们为每一天的每个小时都做了计划安排；电脑放在公共的生活空间，而不是某个人的房间；爸爸拥有博客密码，会首先看看所有评论；不完全相信网络上所说的内容；在爸爸、妈妈不在场的情况下，不去填写任何表格；如果有任何她不喜欢的内容出现，她会将窗口最小化。她说，最重要的是要玩得开心。在写博文的过程中，她还为"玛丽的校餐"项目筹集了一大笔资金。

以孩子的发展情况为基础

玛莎家一定花了不少心思去思考，对一个9岁的孩子来说什么是适合的。每个年龄层都会面临不同的挑战，正如一个问卷受访者所说的：

你要着眼于每个个体，而不是只看年龄。

（家长，孩子处于 6~9 岁年龄段）

很多人已经从以年龄来定义分类的误区中走出来，这很可能是受塔尼娅·拜伦教授的影响。她在2008年就曾强调指出：我们需要关注个人力量和每个孩子的弱点，每个孩子的个体差异是很大的，我们要根据每个孩子以及他的个性发展情况，来定义网络经历和电子游戏是"有益的"还是"有害的"。有另一位问卷受访者这样写道：

对年龄的限定，重点考虑的是他们是否有能力保护那些昂贵的设备不受损害，而不是他们是否会访问不适合的网站。

（家长，孩子处于 13~15 岁年龄段）

涉及年龄限定的基本上都与学龄相关，但重点要放在对孩子本人的了解上，而不是去在乎什么全国平均水平。

我们一直都很严格，我们不允许孩子观看不符合他们年龄的电影，玩不适合他们年龄的游戏。如果我们对孩子们购买的游戏或音乐的内容不满意，即使是"合法"的，也会执行"回购"政策——我们会给孩子买这些东西所花的钱，好让他们去买更适合的东西，然后我们会把这些作为不良媒体处理掉或保存起来，等他们长大后再还给他们。当然，这并不能阻止孩子在学校或朋友那里看到这些。我们会开诚布公地告诉孩子们年龄限制禁令的合理性，我们的三个孩子也基本都服从我们的决定。

（家长，孩子们分别处于 16~18 岁、19 岁及以上年龄段）

我的建议是：当你的孩子还小时，你要为孩子建立一个"带有围墙的花园"，只允许他们访问你鉴定过的或收藏的网站，随着他们渐渐长大，要逐渐放松并通过讨论来代替监管。

拜伦教授在2008年的报告中，将儿童的发展大致分为以下几个阶段，在这里我试着总结一下。

学前：家人和家庭是孩子们生活的重心，他们主要和与他们频繁接触的亲人发展关系、建立情感。这个年龄段的孩子还没有区分现实和幻想的能力，所以很难去处理暴力和情感问题。因此，他们的"在线食粮"需要在监管之下，无论是内容还是时间都需要受到限制。

5~11岁：孩子们开始上学了，他们开始与家庭以外的其他人发展关系，包括与其他孩子一起学习友谊的社交规范、了解是非对错、区分现实和虚幻。在这个阶段，父母应该给予孩子更多的自由，但仍要设置界限，并进行更多的讨论。虽然这个年龄层中有些较大的孩子在做不到的情况下，也不会选择求助，但是这可以帮助孩子发展他们自己的评判标准、提升自我管理技能及他们在遇到困难时寻求帮助的能力。

11~14岁：青春期，这是个以激素为特点的典型时期。为了追求"独立"，孩子们的重点从家庭和家人转移到外面的世界——他们的朋友以及那些"偶像"身上。这是一个从"父母认同"到"同龄认同"的转变，这在一定程度上需要实验，甚至可能会为此承担一定的风险。思想的变化导致了他们寻求社会经历的内在驱动，当我们限制孩子接触外面的世界、现实的社会时，他们就会在数字世界中寻找这一切。孩子们可

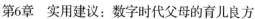

能开始积极地寻找那些为成人设计、有年龄限制的内容和游戏，所以保持交流的畅通是非常重要的，对具有风险和挑战性的内容，家长要与孩子进行及时探讨。

15~18岁：按照西方文化，这是"童年"的最后一个阶段，父母仍需对这个阶段的年轻人负责，但是他们已经开始越来越多地为自己的决定和未来负责。随着自己价值观和信念的发展，抽象思维的发展日渐成熟，他们对信息的评估和对事物的判断更加合理，为此我们应该给予孩子充足的空间。这对年轻人来说是个绝佳的机会，在家庭的支持及确保安全的情况下，可以体验不同的角色和身份、可以自己做决定。

在法定限制与社会现实间寻找平衡点

显然，孩子们开始上网的年龄越来越小。很多网站，包括脸书和推特，在它们的协议条款中都明确指出：13岁以下的儿童不允许注册。这一方面与美国的法律——禁止收集13岁以下儿童的数据信息紧密相联，另一方面也是受儿童发展理论影响。该理论认为，13岁以下的儿童情感还没有发展成熟，还不能以健康的方式参与其中。在英国、澳大利亚和其他一些地方，并没有禁止13岁以下孩子上网的法律依据，但是孩子如果注册的话，将违反网站的条款和所设置的条件。

不。我不知道在多大年龄进入社交网站才是合适的，这并不仅仅是因为它们是"新技术"或是"数字"的；我同样不知道多大年龄该给她零用钱，多大年龄可以把她单独留在家中。我想这要把我们对自己孩子的了解、她的需求和她的能力放在一起综合衡量。此外，还要在社会压力、其他家长的评价判断、真实的社会及法律之间找到平衡点。不过可以确定的是，如果脸书没有被取代的话，我想她一定会在13岁之前就开始使用。我认为只要能在家长的帮助、监管和指导之下，早点接触并非全是坏事。

（家长，孩子处于 3~5 岁年龄段）

2010年CHILDWISE《数字生活报告》指出，在孩子们加入脸书时，会遇到不同程度的父母参与。有些孩子一开始是使用父母的主页，然后才在父母的帮助下建立自己的网页；有的孩子是在得到父母许可之后才创建自己的账户；有的孩子则是在得到父母许可之前就创建了自己的账户；还有些孩子根本就没有告诉家长。报告强调，尽管很多家长知道脸书有年龄限制，但他们认为11岁是个更合适的年龄，很多问卷回复也都在证明这一点。

给那些决定允许孩子在13岁以前加入脸书的家长提个建议：将隐私设置项设置得高些，知道孩子的密码，检查他们所交的朋友都有谁，以确保他们能妥善地使用脸书。

我曾在调查问卷中询问受访者，他们是否会为所有特定技术的使用都设定年龄限制。下面是一些受访者的回复：

我9岁的儿子也想使用脸书，我已经对他说："不可以。"除非他到了13岁，否则我不会允许他加入。虽然我知道有些13岁以下的小孩子已经在教堂和学校使用脸书了，但我不准备让我的孩子这样做。

（家长，孩子处于6~9岁年龄段）

现在我的女儿只有3岁，所以她做的一切都在监管之下。她非常喜欢和我一起看脸书，我担心，等她再大一点儿，很可能等不到13岁，她就想要拥有自己的账户了。我不知道该怎么处理，因为我认为如果她只是用它与朋友或家人进行互动的话，那并没有什么关系……但是我并不能保证她会这样做。当然，如果她自己同意等到13岁的话，我们也不会让她提前使用。

（家长，孩子处于3~5岁年龄段）

我不会允许我的孩子过早地使用脸书、推特等，最早也要等他们上了初中。当然，如果所有的孩子都在上初中之前就使用的话，我或许也会改变主意。同样，我也不希望我的孩子在初中之前就拥有手机。可以预见，一旦他们拥有某种类型的电话，在同龄人的影响下，他们很快就会想要智能电话。

（家长，孩子分别处于3~5岁、6~9岁年龄段）

我没有办法阻止他们接触脸书、聚友等网站，无论他们多大，只要他们不在家，我就无法阻止他们。我的做法是等他们自己要求的时候，他们就可以使用脸书，但我会向他们讲明风险、威胁以及必要的安全措施。

（家长，孩子处于19岁及以上年龄段）

我大女儿一直到满13岁，我才允许她使用脸书，那时她刚刚升入初中二年级。我的小女儿到今年7月满11岁，我想很难让她等到上完初中二年级才开始使用脸书，因为她的很多朋友现在就已经开始使用了，所以我很快就会允许她使用的。我现在对脸书了解很多了，我觉得能很好地帮助她维护自身安全。

（家长，孩子分别处于10~12岁、13~15岁年龄段）

脸书承认，对于阻止未满13岁的用户注册，它也无能为力。这凸显了一个更大的网络问题：孩子们可以把自己的年龄谎报为16岁或18岁，以避开这些限制，所以也能够接触到一些不适合他们的内容。研究表明，这个问题日益严重，而且迄今为止还没有找到有效解决这一问题的技术措施。

隐私，永恒的话题

创建密码

为了确保只有你想与之分享的人才可以访问你在网络上的一切活动，你需要创建一个安全的密码。家长必须向孩子强调，密码不可以告诉他的朋友。因为朋友关系一旦破裂，曾经的朋友就可能在他的账户上发布内容，而这一切后果都将由孩子自己来承担。

好好想想所用的密码，因为《2010年CHILDWISE调查报告》指出，当孩子忘记他们的登录信息时，他们往往都会放弃这个账户。

美国有线新闻网络（CNN）列出了2012年最糟糕的密码：http://edition.cnn.com/2012/10/25/tech/web/worst-passwords-2012。

设定一个复杂的密码：http://strongpasswordgenerator.com。

最有效的密码可以是这样的：虽然可能有些长，但它们很难被破解：

● 以一句话中每个单词的首字母组成的密码：切勿良莠不分一起抛。用这句话可以生成密码：QWLYBFYQP。

● 用数字代替字母：Jemima15可以变成J3m1ma15。

在使用互联网时，你一定要注意保护你的隐私，并建议孩子也要这样做。脸书背后的男人——马克·扎克伯格说，隐私已经不再是一条社会规范。从脸书鼓励我们与更多的人建立联系这样的行为就可以看出这一点，当然它是为了能够继续吸引广告的投放，从而为它的业务模式提供资金。网络是一个"奖励开放"的地方，假定你在线上所写的全部内容都是对公众开放的，那么你在纸上写的任何内容也都可以被影印并分享，或者被读出来并录音。不要偏执多疑、拒绝分享，但是也要建立自己的准则。我的判断准则是：如果被我的父母或我工作中接触到的孩子看到，我会高兴吗？如果它出现在报纸的头版，我会介意吗？从那些和我关系极差的人角度来看，我所写的内容会不会成为他们攻击我的素材？所有这些都不是为了阻止你发帖，而只是希望你在发帖之前先停下来思考一下。

任何保护隐私的技术都需要使用者有适当谨慎的网上行为，并能理解文件及信息共享的基本要求。所有的用户都有必要做好隐私设置，避免发帖的内容被作为攻击自己或他人的"武器"，不要泄露可能引起盗窃或盗用身份的信息，还要注意你所安装的软件权限管理问题。作为父母，当你发现孩子有过度共享的情形时，一定不要轻易发火，否则他可能会创建一个镜像文件，让你看不到他在网上的活动。

> 关于网络安全措施，我们提醒过孩子们，比如不要泄露他们的年龄、地址等。我们在电脑上就互联网的访问进行了设置，我的老公还是孩子们脸书上的"好友"，因而可以看到他们的发帖。
>
> **（家长，孩子分别处于 10~12 岁、13~15 岁年龄段）**

　　脸书默认的隐私设置非常开放，而且很难被找到和改变，为此，脸书已经多次出现在媒体上。很多人认为年轻人不在乎隐私，但是研究证明其实并非如此。大部分年轻人对管理隐私设置非常自信，只有不到1%的年轻人觉得使用脸书很难。还有一些人觉得与现实世界相比，网络空间更安全、更私密、更具可控性。一个十四五岁的女孩说道："现实世界也不是那么安全，不是吗？"有些组织就如何对孩子的信息负责提出了一些很好的建议，如BBC。

如何有效监控孩子的上网行为

　　在这样一个时代，如果想做一位合格的家长，就要不断地保持警惕。现在，有很多家长使用软件或其他手段来监视孩子在网上浏览过的网站，但孩子是通过各种不同的设备访问网络，而且还不是在单一的访问点，这就使父母很难准确地知道孩子到底在做什么。当然，也并不是所有人都认为父母需要这么做。

孩子最好能在实践中学习。幸运的是，我的女儿们非常理性，因而我宁愿给她们更多的自由去探索，也不愿太多地干涉她们的在线生活，虽然在这个过程中，她们可能会受到伤害。让我们面对现实吧：当她们和朋友面对面聊天时，我们一般都不会干涉。那我们为什么要监视她们在网上的谈话呢？虽然如此，但我们还是要与孩子多进行网络安全的探讨。

（家长，孩子分别处于 10~12 岁、13~15 岁年龄段）

我认为监控他的手机使用情况和访问记录确实有难度。那些我不允许他访问的网站，他可以通过手机轻松地浏览到。

（家长，孩子分别处于 6~9 岁、16~18 岁年龄段）

尽管孩子对父母的"监视"感到很沮丧，但是他们普遍表示还能接受，毕竟父母是出于好意才这么做的。孩子们明白，父母是为了保护他们免受潜在的外部威胁，也清楚在他们遇到陷阱时父母还可以为他们提供帮助。与暗中进行的监视相比，开放的监控无疑是更有效的。琳达·布莱尔是一位临床心理学家，同时也是《幸福的孩子》一书的作者，她认为暗中监视会极大地影响孩子对父母的信任，而信任恰恰是父母与孩子进行有效交流所必需的。

下面是对孩子进行的一个网上调查。uKnowKids指出，如果孩子和父母是脸书上的好友，那么最让孩子感到尴尬的行为分别是：

1. 发帖太多。

2. 给孩子的每个帖子都"点赞"。

3. 使用过时的俚语。

4. 在令人尴尬的照片上加标签。

5. 给孩子的朋友们发送"好友请求"。

6. 把他们的主页作为交流平台。

7. 太过于个性化。

8. 加入孩子们的争斗。

9. 纠正错误的语法或拼写错误。

10. 为自己的孩子发帖。

　　我们和孩子在脸书上是"好友"。最初，女儿用我们的电子邮箱接收脸书通知，这样我们就能了解她在做什么。但是在她长大一些时，她就把邮箱变了。

（家长，孩子分别处于13~15岁、16~18岁年龄段）

一些家长坚持要有孩子的登录信息，以更方便检查孩子的脸书，或者坚持做孩子脸书上的好友，希望在父母的监督下，孩子能在发帖前三思而后行。如果你真的这么做了，孩子的朋友就可能选择和你联系。即便孩子的朋友没有这么做，也要确保你在孩子主页上发表的东西不会让孩子感到难堪。不要忘了，孩子可以选择限制你能看到的内容。如果孩子朋友的父母向你发送"好友请求"，那么你们家长之间不妨相互商讨一下。同时也别忘了，孩子同样能看到你在做什么！

我曾多次明确表示，父母对孩子的网络监控是对孩子的一种特殊待遇，而非父母的权力。孩子也明白这是为了保障她的安全，而不是为了控制她。对密码保密并将电脑放在房间的公共区域是非常必要的，但最重要的是要保持沟通渠道的畅通。此外，与孩子一起讨论她的朋友们的在线活动也很重要。

（家长，孩子处于 13~15 岁年龄段）

正确对待这一切非常重要，特别是在孩子成年之后，他还能记得发生在爱尔兰的事吗？在女儿上大学时，一对父母非法监控他们21岁女儿的计算机活动。那件事让我们明白，当这一切发展为可怕的错误时所带来的后果是：这位女孩的父母收到了时间为一年的限制令。

过滤软件并不是万能的

有些家长想在计算机上安装过滤软件，但提醒这些家长要注意以下几点：过滤软件在拦截不良内容方面并不能做到100%有效，有时还会拦截一些你想要看到的内容，而且只有与孩子联合起来才能真正起到好的效果；随着孩子拥有的移动设备不断增多，移动公司正在开发一种适合儿童的过滤软件，但当孩子使用免费Wi-Fi时，那些保护就会消失；购买安全软件、限制他们的上网时间、控制可以与他们私下交流的名单、浏览他们的搜索历史，这些做法对小小孩儿可能还有些作用，而那些认为这些做法对十几岁的孩子还有用的人，只要在Google上搜索一下"绕开互联网过滤筛选"，就会明白这些措施对那些懂得搜索引擎的大孩子来说，其实并没有多大作用。

我们曾购买过"网络保姆"，但两个月后我们就把它卸载了，因为孩子在做学校留的家庭作业时，那些真正需要的网站也被屏蔽了。我们试着就网络安全问题与孩子讨论。关于色情网站的话题让人尴尬，因而很难被提出来。相比而言，关于身份保护的话题就进展得相当顺利。关于这方面的谈话，我的妻子要比我做得好很多。

（家长，孩子处于 19 岁及以上年龄段）

让我感到诧异的是，我7岁的孩子玩的游戏中竟然有暴力，甚至有杀害父母的内容。而更让我不解的是，我的安全设置没有把孩子玩的暴力游戏过滤掉，却把圣三一布普顿堂的布道当作不良内容拦截掉了。我们需要更好的安全措施，这些安全设置要对合适与不合适的内容能进行更好的区分，特别是我在那些游戏网站和YouTube上看到的内容。

（家长，孩子分别处于6~9岁、13~15岁年龄段）

在选择软件时，你可以选择这款软件是否创建依靠一些特定的关键词拦截的网站黑名单或只允许那些经过你认证的网站连入的网站白名单。有些软件允许孩子"请求访问"，然后你能决定允许与否。记者帕梅拉·惠特比测试了一系列过滤产品发现，总体来说大约有20%的有害内容并不能被拦截。因此如果你要使用过滤软件的话，就不能百分之百地依赖它们，因为这些只是安全措施的一部分，你还要考虑是否添加谷歌安全搜索。妈妈网以它的用户群为依据，建议将谷歌安全搜索、电脑巡视、网络保姆、微软最新发布的操作系统Windows Vista、苹果操作系统，作为拦截问题网站和监控上网时间的最佳工具。BBC也为锁定它们的内容提供一些选项。

此前，过滤筛选曾是立法讨论的热门话题，人们就是否从源头进行过滤筛选进行过激烈讨论，即登录"成人"网站是否需要选择性加入。最后因"自由言论"拥护者的强烈反对，2012年有关自动屏蔽色情网站的提议被否决了。2013年8月，英国首相戴维·卡梅伦再次重提这个立案。

父母对电子邮件进行控制是很有效的。只要我把各种设置都设置好了，孩子们就只能向某些人发送邮件或从这些特定的人那里接收邮件。这也给他们带来一定的自由。

（家长，孩子分别处于 6~9 岁、10~12 岁年龄段）

　　我认为政府的支持至关重要，因为只有政府的干预才能使互联网服务供应商，将色情网站和其他不良网站设置为只能选择性加入的网站。

（看护，看护对象处于 13~15 岁年龄段）

　　CHILDWISE、英国通信办公室和欧盟儿童在线的研究都表明：只有少数父母安装过滤软件。随着生活节奏的越来越快、设备的移动性越来越强，大多数父母更喜欢使用软监控。拜伦教授在她2010年的进展回顾中再次强调，默认的过滤操作会带给父母安全的错觉，父母们需要明白如何建立更有效的安全措施，这与数字安全的探讨是相辅相成的。

　　大多数父母都想将孩子保护起来，使其不能接触色情内容。正如这些父母所强调的：

2013年2月《卫报》的一篇报道列举了各种会使孩子烦恼的事情，其中就包括网络暴力。菲品教授在写给英国儿童互联网安全委员会的报告中指出："对于保障儿童在线安全并没有什么高招。政府痴迷于过滤工具是好的，只不过太狭隘了。"

可以考虑使用"赫克托尔的世界安全按钮"，当孩子们需要寻求帮助时，他们只需要按下按钮，屏幕就会被覆盖，这样他们就看不到那些烦人的东西了。http://www.thinkuknow.co.uk/5_7/hectorsworld/Hectors-World-Safety-Button1/。

定位服务的使用技巧

随着智能手机的日益普及，以及如脸书之类的软件中"地点服务"选项的开发，孩子们标注自己的所在地点变得越来越容易。《2012年CHILDWISE报告》指出，使用"签到"服务的孩子数量比上一年增加了一倍多，并且很少有人会对此表示反对。使用该服务的优点在于：用户可以了解朋友们在哪，从而能够加入他们的行列。CHILDWISE指出，对于"定位服务"软件的使用，男孩和女孩有相同的可能性，但是女孩更倾向说，她们永远不会使用该软件。

我们曾经谈到过以下几点中的部分内容，但就定位服务的使用，还是很有必要再次重申这些需要考虑的方面：

● 别人能否立刻找到你的准确位置？

● 利用你对朋友们的位置签到，别人能不能对你的朋友进行定位？

● 根据你的签到，别人能不能找出你的日常路线？

● 根据你的签到，别人能不能确定你根本不会出现在某个地方？

虽然我与邻居们的关系都很好，当我不在家的时候，他们也会帮我看家，但是我从不在家签到，也不会在房子外面拍摄照片。因为根据我的工作性质，当我到其他地方的时候，他们总能很清楚地知道。

数字指纹的管理要从小做起

因为两年前发表过种族歧视的"推文"，帕丽丝·布朗被迫辞去警察职务，那些与此相关的新闻引起了家长们的广泛共鸣。我们在网上做的每一次互动都会留下痕迹，通常被称为"数字足迹"。其他人，包括未来的雇主，都可能通过搜索孩子的姓名而查找到他们留下的"数字足迹"。我们也会使用其他的词汇来形容，比如"数字影子"，但我更喜欢"数字指纹"这一说法。作为网络上的一分子，我们要在网络上贡献自己的力量，而不是去搞破坏，就像我们经常听到的"不要忘记，1和0是数字世界的基本构建模块"。

谷歌的CEO艾瑞克·施密特认为，父母在与孩子进行有关"性"的谈话之前，先要与他们探讨"在线隐私"的问题。他还提醒父母想一想给孩子起的名字，一个人的姓名越独特，就越容易被查找出来——这既可以视为优点，也可以视为缺点。

新西兰的Parenting Place指出，许多家长会在网上公布自己怀孕的消息、晒孩子的出生、孩子的第一句话、第一次走路，甚至在孩子出生前就为他们创建了"数字影子"。当孩子2岁时，90%的孩子已经拥有在线记录。甚至还创造了一个新词——"乐晒父母"，用来形容那些想把孩子生活中的每一刻都发到网上共享的父母。互联网新闻博客Mashable针对这样的家长和那些试图应对幼儿信息过量的人提出建议——不要相信有人和他们的孩子过着"完美的生活"。

很多父母主要担心的是，发布在网络上的文件及信息具有"永久"的性质，很可能会对未来的就业造成影响。随着科技的发展，包括智能手机和谷歌智能眼镜，生活的方方面面都很容易被捕捉到。过去，如果你在一个聚会上做了什么蠢事或出了什么丑，这件事往往会被渐渐淡忘。但是有了数字技术后，可能在你回到家之前，这件事就已经被传遍了脸书或推特，所以你必须思考如何在数字环境中生活。

> 在推特上分享的所有信息都是公共的、可搜寻的、即时的和永久的。
>
> （家长，孩子处于 19 岁及以上年龄段）

2008年，创造了"网络一代"一词的作家唐·泰普斯科特强调，英国的一项调查结果显示，62%的英国雇主会检查潜在雇员在社交网站的发帖，其中25%的雇主会以此作为拒绝求职者的理由。唐·泰普斯科的朋友们基本上都认同他的看法，认为与朋友出去时，不能拍摄任何可以标记的照片，但他的儿子艾利克斯却认为雇主们不应把这太当回事：

如果有一张我在聚会时喝啤酒的照片，那能说明什么？说明我是一个喜欢酗酒的不良求职者，还是说明我是一个善于社交、喜欢享受生活且有很多朋友的人？

练习：试着在 Google 搜索一下孩子的名字和名字的变体，也可以考虑和孩子一起做。核查一下你自己名字的变体，例如我要查找"瑞贝卡·路易斯"和"贝克丝·路易斯"。

让孩子们想一想，如果有外星人降临，并浏览了孩子们的社交网站和个人档案，孩子们会给外星人留下什么样的印象？

将他们分享信息的类型做个清单，列举那些和分享相关的问题，以及为避免问题发生所应采取的措施。

丹·泰南是《家庭天地》的特约编辑，他在《家庭天地》撰写过一些有关育儿和科技相结合的内容。他曾在网上搜索他儿子的名字，使用他儿子名字的几个变体和一些他知道的数字身份。他发现其中一些内容是不正确的，然后他和Google一起努力，把那些数据删除了。

没必要把"数字指纹"看作是什么负面的东西，也不要花心思使自己不留下任何"数字指纹"。我们大家都会留下，但是我们可以控制，我们可以用积极的信息填充网络空间。不要等孩子离开校园准备找工作时才去着手打造一份体面的个人档案，因为为时已晚。搜索引擎在"爬"过那些在线内容时要花费一定的时间，从一个不知道的网站收集新资料有时可能要花费长达几个月的时间。当然也会有这样的情况，刚发过一个帖子，60秒后搜索关键词，就发现它已作为第一个条目出现。

第7章 网络身份：教孩子学会自我保护

麻省理工学院科学与技术社会学教授雪莉·特克说，蒙娜14岁时被允许加入脸书，刚开始时她想写出"真实的自我"，但不久她就发现"真实的自我"是那么可望而不可即。她将个人档案再三编辑，反复考虑哪些内容该包括进来而哪些该删除，该有哪些图片，是否好看，能否在"多事之秋"提出自己的见解。如果她的生活不那么有趣会怎么样？在什么时候她与别人的关系开始变成"脸书官方"的？2013年有关机构曾对390万脸书用户进行过一项调查研究，调查用户状态更新的自我审查——在发表之前被删除的状态更新。大约有三分之一的信息在发布之前被删掉，大家为此给出的一些理由有：

- 可能会冒犯或伤害某人。
- 可能会是令人讨厌的或重复的。
- 可能会破坏他们追求的自我表现。

- 还有一些因为技术问题不能发表。

- 很可能会引起争论。

然而，我想问的是，在点击"发表"按钮之前的哪些行为是有助于对所写内容进行通篇检查的？这样的行为又有多少是在平时的编辑过程中就使用的？

媒体研究讲师马库斯·利宁查阅了大量围绕在线身份所进行的早期研究，这些研究重点关注直接线索的缺失以及网络欺骗。这些学术理论已经渗透到人们日常的思维中，而且不断地被媒体报道，这也有助于我们理解为什么在线身份问题仍然是父母最担心的。回想第2章中有关"价值观"所做的练习，无论孩子是否认为需要匿名，都要鼓励他们根据内在的价值观去定义自己的身份，但这并不代表他们应该将自己的一切告诉所有人，而且在社交网站也根本不能那么做！

发展的理论往往倾向于这样的假设，在青春期的驱动下，年轻人常常会尝试不同的身份和自我表现，而网络世界又为这一行为增添了新的元素。大卫·白金汉教授指出，年轻人会重新访问他们在网络上发表的内容，并不只是为了更新，而是想看看他们收到了什么样的回复，这样他们就会根据回馈对要发表的内容进行调整。《贝利评论》中用非常大的篇幅表达了对在媒体中建立的形象的担忧，这在针对法国网球选手马里昂·巴托丽的密集发文中就可窥见一斑。这些"推文"几乎都是十几岁的少年发表的，很多都是关于她在2013年赢得温网公开赛冠军时的表现。这一点得到了琳达·帕帕多普洛斯博士的支持，作为心理学家的琳达·帕帕多普洛斯，对《贝利评论》也有一定的贡献：

> 从数字公民到传媒素养，用工具将孩子们武装起来，使他们能明白和理解，他们所看到的没有将所有负面信息内部化的内容。这样就可以帮助他们建立自尊和自信，使他们对自己的身份感到安全。就像只要教会孩子们阅读理解和文学评论，他们就能学会如何批判评论他们所消费的媒体一样。

与前面介绍的以某类用户为研究对象不同，2003年曾对三个中学的800名学生进行过一项"谁是普通用户"的调查。调查结果显示，随着身体的发育，十几岁的青少年对别人如何观察他们有种特别的意识，然而电脑则可以更好地调控对话的节奏，即使脸红窘迫也不会被对方看到。因为在网络上的友谊是建立在共同的兴趣而不是地理上的巧合的基础上，并且在网上很容易就能找到境遇相同的其他人，所以网络空间对同性恋者和残疾人等有身份障碍的人更有帮助。在网络上，我们会发现有很多孩子参与到不同层次的一系列活动中，因为这些活动能使孩子放下心中的焦虑，以自己的节奏追求自己的兴趣爱好。一位家长发现他的女儿不仅有学习吉他的意愿，而且她已经通过YouTube上的教程开始学习弹吉他了。

做孩子的行为楷模

当年轻人发展自己的个性时，他们需要得到引导和支持，特别是从与他们关系最近的成人那里。这些成人的言谈举止，无论是关于数字技术还是重大历史事件，如大屠杀、对待清洁工的方式等，这在帮助孩子塑造个性、价值观和人生态度等方面有着重要的意义。

家长实践联盟的伊莱恩·哈利根警告父母要注意自己的行为，因为80%的家长行为都对塑造孩子的性格和行为有影响。他说："如果你每天24小时手机不离手，那么当你家孩子长到10多岁也离不开手机时，你就不用感到惊讶。"我的一个朋友告诉我，他们的孩子会把手机递给他们，因为似乎这样做才能引起最大的关注。于是他们决定回家后就放下手机，并至少坚持到孩子上床睡觉。这与《游乐场的爸爸》产生共鸣，不知是谁这样说道：

> 把电话放在一边，做个称职的爸爸。虽然这个很难做到，但却是最重要的。等到孩子上床睡觉后，电子邮件、"推文"和体育比赛结果并不会消失。大多数爸爸认为孩子不会注意，但是在听完我的学生的讲话后，我可以肯定地说，家长的行为会对孩子们产生很大的影响。

即使你的孩子正在聚精会神地玩他们的数码设备，你也不要认为这时你可以心安理得地玩手机，他们可能正在等待你分给他们一些注意，或者在等你给他们强加一些限制。

兰迪·扎克伯格的畅销书《Dot Complicated: Untangling

Our Wired Lives》，刊登在了《纽约时报》上。文中写道："即使亚瑟在这么小的年纪，当我一边用手机一边和他玩时，他也会感到沮丧。我不得不多次暂时放下手机，而我在做妈妈之前很少这么做。放下手机我才能一心一意地照顾他，这一点对于早期的儿童发展十分关键。我发现我需要更多地监控自己对数码设备的使用，而不是围绕孩子使用数码设备制定更多的规则。孩子总是以父母的行为为榜样。告诉孩子在晚上7点之前关掉手机很容易，但是如果真的希望他们能那样做，那么我们做家长的同样要遵守这一规定。有多少次我们在吃晚饭时还在回复工作邮件呢？如果父母成天手机不离手，孩子就会认为一直把智能手机放在触手（目）可及的地方是非常正常的。我们的最终目的是教会孩子负责任地利用科技，而不是让科技对他们的生活发号施令。"

成人们身上本来就有很多不良行为。2013年美国的一项调查结果显示：虽然大家都知道开车时发短信很危险，但是仍有60%的成年人在这样做，这在3年前大多数人都不会这么做的。互联网新闻博客（Mashable）上的一篇文章推荐了一些应用，如：可以使手机开启"驾驶模式"，可以使父母能够追踪孩子的驾驶风格。

练习：花些时间和孩子一起想想和讨论有哪些强大、积极的行为榜样，这些行为榜样都做出了什么贡献？

匿名的作用及局限

在网上，有些人有这样的想法，就是通过创建虚假的个人档案和一些从属的匿名邮件，而使自己隐藏起来。其实，只要想查，任何人的身份都可以被查明。这里要用到一个术语"抑制解除"，即当数字技术似乎为传统后果提供了一个缓冲区的时候，这种行为就会发生。人们会在网上说一些或做一些在其他情况下不会说或不会做的事，因为他们已经失去了反馈循环的线索。

抑制解除可能会产生积极的作用，使那些十分腼腆害羞的人讲出自己的真心话，说出那些平时很难说出口的问题。抑制解除也可能会产生消极的后果，使人躲在虚假的身份之后，做一些伤害别人的事情。在美国，一些网站，如JuicyCampus、脸书，都允许用户匿名发帖。这样有时确实可以开启一些伟大的讨论，但有时也会受到恶毒言论的困扰。

第8章 在线关系：别让孩子成为网络的受害者

在本章中，我们将探讨孩子及年轻人如何运用网络关系，以及他们可以从中可得到什么。朋友被孩子视为最珍贵的资源，因此他们会花费大量的时间来建立并加深他们的友谊。

> 我的孩子有很强的创造力，他们能及时运用所学的知识，而且非常善于交际——在社交网络上，他们与大量的朋友和熟人保持联系，这比年轻时的我们要强很多。他们还能让父母更好地了解他们的行踪，这一点也比当年的我做得要好。
>
> （家长，孩子分别处于 16~18 岁、19 岁及以上年龄段）

事实上，虽然大多数孩子在网络上仍是与本地的朋友进行谈话，但有趣的是，在线交流经常被认为是一种不好的交流方式，就如我们在利文斯通教授的评论中所看到的：

> 虽然面对面的交流可能是愤怒的、漫不经心的、抵触的、欺骗的或不灵活的，但是从某种程度上来讲它仍然是最理想、最完美的。相比之下，通过媒介进行的交流却被认为是有缺陷的。

线上世界确实为各种情感增加了新的活力。麻省理工的学者雪莉·特克是《孤独相伴》的作者，她强调世事是如何变迁的，在维多利亚时期，当你要拜访别人时你要先留下"名帖"，至于你是否被接见并没有任何预期。如今，你在脸书上发送"好友申请"，同样不知道自己是否会被接受，因为你并不清楚对方接受好友的规则是什么。多少朋友才算是太多？被拒绝多少次才会感到沮丧？如果你拒绝了学校的某个人，那么这会对你们的线下互动产生多大影响？当你登录脸书时，你参与的程度又能达到多少？你与每个人的互动都是同一级别吗？

朋友关系：线上线下大不相同

在聚友网（MySpace）作为社交网站问世时，如今身为微软研究院高级研究员的黛娜·博伊德曾对其进行过研究。他认为青少年之所以会选择加入，是因为他们以前的朋友圈在那儿，加入后就可以"挂线闲逛"了。一旦登录，很多孩子都必须学习新空间的规矩和礼仪，因此先"潜伏"一阵子看看其他人怎么做，也算是一个不错的办法。很多人之所以参与是因为他们收到了其他人的邀请，然后他们又不得不决定该邀请哪个"好友"。青少年添加好友，一部分是因为如果说"不"会觉得很尴尬，而且朋友增多还会使自己显得很酷；还有一个原因就是，要成为朋友的人认为他们的帖子很有意思。加州大学文化人类学家伊藤瑞子认为，对那些已经认识的人说"不"会很尴尬，因此就形成这样一个习惯——无论关系是否深厚，只要是认识的人就接受。

英国人类学家罗宾·邓巴教授有句广为人知的话——一个人只能维持约150个"有意义"的人际关系。这句话引起家长们的担忧，因为孩子在线的朋友"成千上万"，这使他们觉得孩子在"没有意义的"人际关系中投入过多精力。作为有几千在线朋友的我对这一点并不信服，请问何谓"有意义"呢？社交媒体可不仅仅是联系册，经过个人设置就可以获取不同级别的信息，而公开展示所有联系人也体现了一个人的社会身份和地位。"好友"只不过是用起来很宽泛的一个专有名词，它包含了各种关系。虽然青少年们会说有很多联系人并没什么不好，但是他们却会把那些只为了"收集"朋友而并没有真正关系的同龄人称为"妓女"。

数字时代与其他时代相比有一个明显的不同，特别是在社交平台已经稳定的情况下，那就是很难把某个人落下，这样的事需要小心谨慎地协商和交涉：

> 通常，删除一个认识的"好友"在社交礼仪上是不能被接受的，一般在吵架或分手之后才会这么做。在这种情况下，删除

"好友"是因为心存怨恨，故意这么做让对方受伤。

青少年们深知这一点，如果不小心删了某个人，那么就很可能会惹出麻烦。在聚友网就更难了，因为它强制用户公开选择八个"最佳好友"。伊藤瑞子指出离线关系中的所有元素，包括流言蜚语、欺凌和地位的争夺，在网上都会继续。只不过由于新的公开形式和不断的交流，这些都发生了很大的改变，并以新的形式出现。挂线闲逛、建立和巩固友情、花时间"玩"，这些在成年人眼中都没有什么建设性，但对孩子的成长经历来说，却是基本的和重要的。

当然，并不是所有的孩子都有时间、资源或空间来玩这些，因而能这么做的群体是会受到优待的。此外，全身心参与既要有社交能力，还要有"随时待命"的能力，只有这样才能有更多机会获得出众的社交地位。很多人都期望能得到及时回应，如果有人不能及时回复，他们就会因此而感到生气或烦恼，特别是看到这个人在线的情况下。这种情况在各个年龄段都有可能会发生。

正如我们所看到的，很多事实都可以证明这一点，社交媒体使孩子可以与那些没有地缘关系的人建立联系，包括那些有残疾和同性恋倾向的人。网络确实给他们提供了一个"匿名"交谈的机会，而且不会因此而产生什么直接的社会后果。但是伊藤瑞子在报告中却提到这样一个现象："十几岁的孩子经常使用社交媒体结交朋友、发展友谊，但是他们几乎只与熟人或朋友的朋友这么做。"她进一步指出，大家觉得在网上交朋友有辱名声，而且大家认为与网友见面十分危险。下面这段话写于2009年，但是我想说的是，如果适当的小心谨慎是必需的话，那么这些话放到现在或许会更合理、更容易让人接受。

　　和孩子一起坐下来，请他们带你去看看他们的社交网站，然后仔细检查和他们联系的每个朋友。请他们告诉你每个人是谁，以及他们是怎么认识的。向他们解释，你之所以这么做是因为对于任何一个孩子来说，将一个完全陌生的人加入好友列表都是不好的，特别是现在新的定位功能的出现，使这件事变得比以前更紧迫、更加值得重视。向他们耐心地解释，不要把他们弄得不知所措。

图片标签

网络友谊的一个核心元素就是分享和为图片"加标签"。根据尼尔森公司的研究，对12岁到17岁的人群来说，Instagram是最受欢迎的图片共享网站。仅2012年7月一个月，就有上百万的青少年访问该网站。与此不同的是，普通人群依然优先选择网络相册（Flickr）。花些时间和孩子好好谈一谈，他们在照片中都泄露了关于自己的哪些信息，提醒他们在发表别人照片之前要首先征得对方的同意。随着面部识别软件的日益成熟——能够比对新的图片和网上已经存在的标记过的图片，被标记的机会也变得越来越大。2012年，加拿大MediaSmarts的研究结果显示，大部分参与研究的人都足够精明，能够管理好自己的图片。他们通常不会在脸书上的图片中标记自己，同时会要求朋友将部分照片删除。作为最后的办法，他们会举报那些他们想要删除的图片，或者自行删除图片。他们会监控朋友的主页，保证自己被合理地呈现，并且与朋友达成互信，不公布那些愚蠢的、令人尴尬的图片。那些在手机中传递的信息和图片被认为是隐私的，在没有征得对方同意之前不应该晒出分享。但是孩子们还是要考虑，如果他们的友情一旦结束，那么针对这些照片还会发生什么事情？

研究表明，社交媒体上的大多数青少年用户承认他们喜欢在网上发布自己的图片，大约有四分之三的女孩和几乎一半的男孩都有这样的想法，大量的青少年都希望通过获得"赞"来博取大家的认同。很多用户都没有注意到的是，大多数智能手机会给照片附上大量的信息，例如地理定位能精确到某个房间。你要关掉这些设置很容易，特别是在你经常生活的场所及在家的时候。

练习： 花约 8 分钟的时间看一个视频，网址为 http://cybersmart.gov. au/tagged。这个视频是面向 14 岁以上孩子，为澳大利亚的学校制作的，该短片展示了线上和离线的混淆如何使一个玩笑失去了控制。一个简单的照片标签导致的问题，跟随那个学生从一个学校到了另一个学校，成为挥之不去的问题。与孩子讨论视频中提出的问题并考虑可能的解决方案。

脸书抑郁症？

最近的一个学术研究发现，在脸书上看到朋友的浪漫假期、爱情生活、事业成功，会产生强烈的忌妒感，从而使观看者感到孤独、挫败和愤怒。这一点对妈妈们来说尤其严重，因为她们总是认为其他妈咪都是"超级妈妈"——似乎所有人都生活得更美好！而一些青少年则说："我在互联网的生活要比现实中的生活好一些。每个人在互联网上展现出来的生活都比现实要好一些。互联网展现的只是部分真相——哪些能让人看而哪些不能让别人看，都是由我们自己决定的。"

美国儿科学会称这可能会导致临床抑郁症，但是家长们没必要因此而感到恐慌。因为其他研究表明，对大多数人来说，脸书和其他社交网站会起到相反的作用，使用户不再感到那么沮丧。总体来说，青少年拥有较高的幸福感，而且在这一点上，社交网站的高频用户和其他用户之间并没有什么区别。来自美国德州农工大学的弗格森教授就科技对人类行为产生的影响进行了研究。他声称："如今的青年在最近几代人之中是最不具攻击性、行为最谦恭、心理非常健康的一代人。"

网络欺凌：家长要及时发现有效干预

网络欺凌是一个颇具争议，被报纸频繁报道的问题。网络欺凌曾引发一些备受世人瞩目的事件，如：梅根·迈尔在忍受了大量的网络欺凌之后选择自杀，雷塔耶·帕森斯在自己被强暴的照片被传播到世界各地后选择了自尽，还有奥运会跳水运动员汤姆·戴利2012年也在网络上受到大家的奚落和嘲笑。2013年初，《纽约时报》就指出，受这些引人注目事件的影响，必然会掀起一股反欺凌图书出版的浪潮。这些图书中有几本是专门为父母和孩子进行亲子阅读而编写的，虽然它们并不是全都卖得特别好。

总之，我们要记住这些悲剧，我们总是相信新闻标题的描述，但事实往往比我们所理解的更复杂。社交平台可能只是其中一个因素，但它绝对不是唯一的因素。如果我们希望社会能找到解决问题的方法，那么我们首先要保证我们自己的孩子不会成为欺凌者，在看到他人恃强凌弱时我们的孩子也不会袖手旁观。

孩子们相处过程中发生的常见问题——欺凌、骚扰和排挤，现在已经转移到数字领域。

（祖父、祖母，孙子、孙女处于 6~9 岁年龄段）

网络欺凌的统计数据和特殊性质

"传统"欺凌和"网络"欺凌的核心区别在于彼此的性质不同。以前，当被欺凌的孩子进了校门或回到家时，欺凌行为就自然停止了。虽然也会发生这样的情况：接到电话警告、做家庭作业时从书中掉出暗示的便条、从窗户扔进砖块或者被害者在脑海里一遍遍地将受欺凌事件重演，但这样的情况毕竟是少之又少。而网络欺凌却是连续持久的，无论白天黑夜随时都可能发生。无论孩子身处何地，就算待在家中也会受到影响，让人觉得无处可逃。网络欺凌的另一个特征是，其他人更容易迅速参与进来。在网络空间，很快就能引起大家的注意并且会永久地存在，因此这类事件很难有真正的结束，因为相关信息随时都会被翻出来，然后伴随着公开的羞辱，新一轮的欺凌又开始了。

> 同龄人之间经常会发生轻率或刻薄的交互，而数字工具又进一步强化和扩大了这种行为的影响。毕竟放在以前，最多也就是将这些随便潦草地写在日记本上。
>
> （家长，孩子处于 10~12 岁年龄段）

沃达丰电信公司援引了家庭网络安全研究所进行的调研，该研究表明至少三分之二的青少年在网络上有过积极的经历，尽管他们中的大多数曾目睹过对他人卑鄙刻薄的行为，但是称自己被作为攻击目标的不到五分之一。欺凌是父母特别担心的问题，因为它会导致巨大的情感伤害。除此之外，它还会影响一个人的自尊、自信、学校的出勤率和在学校的表现，以至于改变整个人生。虽然2010年的统计表明，网络欺凌（约占6%）要远远低于传统欺凌（约占19%），但由于网络欺凌带来的影响更大，因而引起人们的极大关注与担忧。我惊奇地看到，当我把这部分内容的前几节放在脸书上时，很多人涌入我的脸书，告诉我他们的经历，提出他们对网络欺凌和传统欺凌的理解和建议，并讲述欺凌对他们的生活有多么大的影响。

练习：选择一个有关欺凌的短片，以此为引子，与孩子展开对话。这里列举几个供参考：

- http://youtu.be/ltun92DfnPY (7:36, animation, "To This Day Project": see the backstory:http://youtu.be/sa1iS1MqUy4)

- http://youtu.be/–5PZ_Bh–M60 (4:40, drama, The "Cyber Bullying

Virus"）

- http://youtu.be/2YGjz5SV_Qk (5:37, drama, for those "just watching"）

- http://youtu.be/40Z0a41zsZA (3:19, interview, Simon's parents)

传统形式上的欺凌，是指在一段时期内，某个人或团体对选中的受害者进行重复的攻击行为。网络欺凌通过技术又增加了一层，大多是通过手机进行的。关于这个问题，家长要特别警惕13~16岁的孩子，因为这个年龄段是发生网络欺凌的高峰期。较大的孩子往往是作案者，尽管现在越来越多的孩子在作为受害者的同时也扮演着欺凌者的角色，他们选择网络作为复仇的空间，特别是针对那些身体比自己强壮的人。

2013 年 2 月英国独立电视台（ITV）报道：

- 超过三分之二的孩子曾经收到过认识的人发给他们的骚扰短信。

- 几乎一半的年轻人都不会把攻击行为讲出来。

- 五分之一的人认为，在网络空间发信息不如面对面羞辱所带来的危害大。

- 受访的一半青少年认为，可以在网络上说些你不能面对面亲口讲出的话。

- 三分之一的青少年表示他们之所以钓鱼①，是因为他们的朋友也在这么做。

---

① 在公共论坛用侮辱性言语挑起骂战，从而获得快感。

专业术语

由于人们对网络欺凌的大量关注，相关机构也对此进行了大量调查。这些调查结果表明，受网络欺凌影响的人数占总人数的比例为5.5%~71%之间的某个数值！为了搞清楚到底该如何处理，我们还需要对这些统计数据做进一步的分析。因为这不仅会影响政府的决策、学校的规定，还有作为个人、作为社会一分子和身为父母的我们该怎么做？统计数据越高，我们就越需要限制孩子们对网络的访问，甚至不得不买"监视文化"的账。

2012年，沃达丰公司的《数字育儿杂志》指出，孩子们对大人们谈论的"欺凌"并没有多大兴趣，因为他们经常把发生的一切称为"戏剧"。力量的不平衡是构成欺凌的基本要件，而作为"戏剧"，力量的不平衡并不是必然存在的。MediaSmarts认为，孩子们觉得家长和学校轻率地、不加分辨地把青少年的"正常"交流冠以"欺凌"之名，是非常不对的。欺凌行为比孩子们所说的"正常"交流更严重、更具伤害性，它具有故意性、重复性、敌对性等特征。网络欺凌方面的专家沙欣·谢里夫博士指出，政府和媒体总把欺凌定义为一个"东西"，好像是可控制、可管理，能被打包提走并可规划的，这使人们觉得欺凌很容易处理，因而使我们整个社会停止在正确的方向上寻求解决办法。

网络欺凌的一些形式

- 威胁性或辱骂性的文本、电子邮件或聊天信息。

- 图片或视频短片，包括"开心掌掴"①。

- 拨打无声或骚扰电话。

- 偷窃电话，然后用偷来的电话骚扰他人。

- 在网站或社交媒体上发表恶劣的评论。

- 发表博文诋毁他人名誉或损害他人隐私，包括分享个人数据。

- 发起网络调查，比如"谁最性感"。

- 强迫他人分享信息，并且威胁如果不配合的话，就会受到"社交孤立"。

风险因素

《女学生遭受网络恶魔欺凌后上吊自尽》这样的新闻标题只是将责任推给了社交网站的影响力。但是研究发现，导致网络欺凌的因素与导致线下欺凌的因素完全一样。尽管社交媒体在青少年的"戏剧"中起到催化剂的作用，促使其传播得更快更广，但它绝不是导致女学生自尽的唯一因素。给社交媒体贴上这样一个标签对事情的解决不会有任何帮助，甚至还可能会引起某些人的盲目模仿。这些人觉得自己没有得到足够的关注，希望通过这些来吸引别人的注意力。

---

① 英国最近几年流行的一种疯狂游戏：对无辜路人进行突然掌掴攻击，同时用手机、相机录像，然后当作娱乐节目传播的行为。

等她再大一些，我就会感到担忧：担心她的手机丢了、被偷了以及由此引出的麻烦事，担心她在社交网站，比如在脸书受到排挤或欺凌。但是这些问题并不是不能克服的，而且这些在非数字世界中也是需要面对的。从我个人的角度来看，数字技术带给人们的好处远大于它的副作用。

（家长，孩子处于 3~5 岁年龄段）

　　那些容易遭受网络欺凌的人也往往容易受到离线欺凌，这些人有着许多相似的地方：他们可能是身体或精神上有缺陷的、非异性恋、缺乏自信、高智商或是不善社交的书呆子；他们可能是容貌、衣着与众不同或墨守成规的人。这些人可能不会保护自己或者根本没有意识到欺凌的潜在危险，因而没把事情扼杀在萌芽状态，还有就是他们很可能与父母或监护者的关系不佳。稍后我们还将回到这个话题——父母需要了解孩子的性格并与孩子交流、交流、再交流！

　　在数字世界，可能使人们成为受害者的其他因素包括：性别（主要指女性）、曾经遭受过欺凌、使用聊天窗口、在网上与比自己大的人聊天、在网上向他人泄露太多的个人信息、告诉别人密码。针对女孩的欺凌的往往集中在外貌或纵欲方面，通过跟踪、围攻等手段强迫其屈服；针对男孩的欺凌往往源于其性取向、运动能力或其他方面的不足，往往会导致受到真正的攻击性威胁。伊藤瑞子特别指出，"戏剧"通常是这样发生的：一个女孩评论某人的男友或向别人的男友发信息，因为这种行为代表着公开的挑衅。谢里夫博士指出遇到这种情况时，男孩通常会非常愤怒，而女孩则表现得惊恐和无助。男孩们往往会"采取报复行动"，然后觉得自己"解决了这件事"，但这样的报复行为又会引发新一轮的欺凌。

发现欺凌

你如何知道孩子有没有没受到欺凌呢？青少年的一些典型行为可能就是经受欺凌的症状。只要你对孩子有足够的关心和充分的了解，就能够在第一时间察觉到这些微妙的行为变化。那些身体上经受欺凌的孩子通常会表现出：

- 不明原因的头痛。
- 恶心呕吐。
- 尿床。
- 情绪起伏不定。
- 有攻击性。
- 梦惊。
- 学习成绩退步。
- 不想离开学校或避免离开家。
- 变得厌恶社交。

那些受到网络欺凌的孩子除了会有上面的这些情形外，还有一些需要家长注意的其他迹象：

- 长时间坐在电脑前。

- 偷偷地使用互联网。

- 屏幕最小化。

- 拒绝登录或接电话。

- 对电话有极强的占有欲，紧张且不停地看电话。

南希·维拉德在学校举办过很多场网络欺凌研讨会。他强调要让孩子理解，并不是"每个人都在这么做"，也不是每个孩子都要经历这样一个人生阶段，这一点非常重要。有媒体报道说，网络欺凌是一种传染病，孩子会觉得他们可以发送伤害别人的信息，因为"其他人也在这么做"。维拉德说："事实证明在人生的这个阶段，20%的人要么是受害者，要么是网络欺凌的实施者。"我觉得真的很有必要收集网络上更多有建设性的行为与大家分享，让这些年轻人明白其实大多数人在网上的行为是积极的。

索尼娅·利文斯通教授和"欧盟儿童在线"团队分析了一系列应对策略：

- 31%的人试图在网络解决问题。

- 24%的人简单地希望问题会自行消失（无效果）。

- 12%的人会对发生的事感到内疚。

- 45%的人会寻求"个人社交支持"——朋友、父母、兄弟姐妹、其他成年人（按这个顺序依次进行）。

- 41%的人会删除信息（有一定帮助）。

- 20%的人停止使用互联网（没有任何帮助）。

- 18%的人更换过滤软件和联系设置。

- 9%的人会向他们的网络顾问或服务供应商举报，虽然感觉这么做不会有什么作用。

事实证明，对元凶进行技术封锁是最常见且相对有效的策略。

有效干预？

我们不要过度夸大及早介入的重要性，而制造恐慌同样不会有什么效果。告诉孩子"不用管它"是没有用的，也不要说"只要不去上网就行了"，因为这些简单的应对措施只会导致孩子的社交孤立。无论如何，这都不是一个从根本上解决问题的方法。虽然暂时的回避可以帮孩子获取一些新的想法，但欺凌是一种有目的的行为，且具有重复性。在整个欺凌事件中会包括四种角色：欺凌者、被欺凌者、袖手旁观者以及准备介入并制止欺凌的人。我们每个人都要扮演好自己的角色，包括在适当的时候对付实施欺凌的人。我们再回到父母的角色，让我们来看看，当孩子成为被欺凌者时会发生什么。

下面是为家长准备的幻灯片演示：http://www.slideshare.net/uKnowKids/10-essential-things-parents-need-to-know-about-cyberbullying

家长要尽可能保持亲子间的顺畅沟通，同时也要知道，如果可能的话，很多孩子更愿意向他们的朋友寻求帮助。那些能够面对问题而不是在问题面前退缩的孩子，能进一步获得处理问题的信心。那些非常沮丧、非常自信或者长期作为受害者的孩子最有可能采取行动。而那些最脆弱的孩子很可能只是保持离线状态，不敢和任何人交流，也不去采取任何有利于形势好转的行动，从而使他们处理问题的能力进一步下降。

下面是一些可以帮助孩子的有效措施：

- 让他们明白这并不是他们的错，虽然在他们的身上发生，但是这些并不是由于他们的行为所导致的，因此他们不需要为此感到羞愧。
- 强调他们依然可以访问网络。
- 多花些时间陪陪孩子，保持交流渠道的畅通。
- 通过各种方式增强孩子的自信、培养他们的自信。

实际措施：

- 鼓励他们不要回复，因为回复就是对欺凌者的奖赏。
- 在删除信息之前先下载信息的副本，以备以后使用。
- 搜索如何在孩子正在使用的平台拦截用户（账号），虽然欺凌者可能会拥有多个登录名。
- 如果你想和孩子的学校联系，你要首先和孩子好好谈谈，看他们是否同意，这一点非常重要。
- 如果认识的话，可以考虑与实施欺凌的孩子家长谈谈，虽然这么做有可能使事情变得更糟。如果你决定这样做，你要提前将事实写下来，考虑好要说些什么并注意保持冷静。

- 如果在另一个网站出现违法信息，可以联系网站管理人员——他们有删除该信息的法律义务。

- 给你的网络供应商打电话，从而拦截某个特定的号码。

Cyberslammed 的作者凯·斯蒂芬斯总结并根据自己多年的习武经验强调指出，看到网络欺凌并不意味着你一定要站出来并做出回击，不要使自己也沦为被欺凌的对象。那些曾经被欺凌的人在再次进入网络世界之前，要想清楚自己该如何应对或反抗网络欺凌，正如欺凌者的力量来自他们的支持者一样，那些被欺凌者也要拥有自己的支持力量。作为父母，不要忘记向你的朋友寻求建议并给孩子以帮助。

一些对被欺凌者有帮助的网址：

- http://www.papyrus-uk.org (preventing young suicide)

- bhttp://www.thetrevorproject.org (suicide prevention for LGBTQ [Lesbian, Gay, Bisexual, Transgender, Questioning] youth)

- http://www.childline.org.uk/ (confidential helpline for those under nineteen)

- http://www.beatbullying.org (advice about cyberbullying, and opportunities to report your own situation, or someone else's)

- http://twloha.com/vision (US-based site for those struggling with depression, addiction, self-injury, and suicidal thoughts)

- http://www.athinline.org (MTV site for those suffering digital abuse)

● http://www.itgetsbetter.org (for those suffering LGBTQ abuse)

旁观者

在讨论网络欺凌时，旁观者的作用往往被忽略，但他们可以在鼓励孩子采取行动中扮演非常重要的角色。不要忘记埃德蒙·伯克说过的那句名言："邪恶盛行的唯一条件，是善良者的沉默。"当情形已经十分糟糕时，社交媒体的实时性可能使形势变得更糟，但同样可以利用媒体的实时性来缓解紧张的局势，比如允许受害人的朋友通过"数字联盟"来表明自己的态度。如果有人发表了伤害他人的言论，就会有其他3个人进入并对发表的言论表示抗议，那么形势就会大大不同。马修·本特在他的儿子受到欺凌后，因为感到包括学校和警察局在内的行政当局没有认真对待，就在2013年3月采取了进一步措施。他在脸书发表了一张举着示威牌子的照片，上面写道："我支持我的儿子，抗议欺凌行为！"

2012年MediaSmarts的报告显示，面对网络欺凌，孩子们展现出较强的应变力和复原力，他们表现得非常乐观并且有非常明确的应对策略："首先无视它，然后解除朋友关系或拦截这个人，很显然这是一条非常成功、有效的策略。"如果这么做还没有效果的话，他们将直面欺凌者，选择面对面解决问题。如果这样仍不可行或不起作用，他们就会向父母寻求帮助。

同时，他们的研究还发现，大多数学校的反欺凌课程只是在浪费时间。学校当局并没有真正意识到所需面对的问题，而老师的参与又使问题变得更糟。虽然学校经常会邀请一些警察来做有关反欺凌的培训，但是南希·维拉德认为这样做只会起一些反作用。因为大多数警方人员只看到欺凌行为的恶果，往往会过分强调悲观消极的方面，而处于高风险之中的孩子往往不愿相信成人，所以警方人员所做的培训并不能起到预想的效果。她认为只有那些对数字技术有更高领悟的学生才适合做这种培训的听众，因为他们已经信任成年人，理解更远大的图景，并能够警惕同龄人之间比这更"危险的"行为。有鉴于此，"网络导师"培训很值得一看，这是专门针对11~17岁的孩子的，通过BeatBullying网站，"网络导师"可以对遭遇离线或在线欺凌的人进行指导。

www.cyberbullying.org为大家提供了一些非常有用的建议，任何年龄的人都可以采用：

- 学会合理的怀疑：不要网上的人说他是某某，你就完全相信他是某某。
- 训练"网络礼仪"：在网络上对人要有礼貌，绝不回应那些无理取闹的人。
- 沮丧时不要发表信息：说出去的话泼出去的水。
- 自己的信息不要向不认识的人泄露。
- 相信你的直觉。
- 不要把所有的时间都花在网络上。

最没有用的办法就是对欺凌者的"零容忍"，因为孩子需要的是帮助而不是放逐。然而最具讽刺意味的是，很少有教育工作者热衷于寻找一条教育途径，使孩子能从他们的错误中学习。当欺凌者是因为感觉自己被遗弃了而导致他们对别人实施欺凌时，如果实施欺凌的深层原因不能被解决，那么这些欺凌者就会想尽办法在网上联系那些和自己有相同感受的人。

如果你的孩子是欺凌者该怎么办?

没有人愿意承认自己的孩子是一个欺凌者，但事实是的确有欺凌者存在，而你的孩子可能就是其中的一员。使孩子更有可能成为欺凌者的因素包括：

- 是网络欺凌的受害者。

- 不认为网络欺凌有什么不对。

- 以不同的身份进行极端实验。

- 不被同龄人接受或忌妒同龄人。

- 被拒绝后想要报复。

- 只是觉得"好玩"就去做某事。

- 希望得到权利或注意。

- 仇恨受害者。

- 男性。

- 年龄较大者。

- 在线时间过长。

- 对计算机技术非常自信。

- 自己的房间内有计算机。

之前我们就讲到过"抑制解除"，这是一个有关网络欺凌的重要概念，是指欺凌者与他的欺凌行为所带来的影响相分离，就如在战争中，轰炸人员看不到有那么多人被他们杀死。欺凌者看不到他们给别人及社会所造成的伤害，他们觉得只要不被抓，自己就是安全的。而且有了科技的掩护，他们就会说出那些在离线时不敢说的话。孩子会找出各种理由使他们不合道德标准的行为合理化，如"我们只是随便玩玩""有人让我们这样做的"。有些人并没有意识到自己给对方造成了很大的伤害，也有些人会丧心病狂地指责受害者。所以，如果你的孩子在欺凌别人，和他们谈一谈，帮助他们认识到什么样的行为属于欺凌行为，帮助他们理解他们的所作所为会引起怎样的后果。试着去了解他们为什么要欺负别人，如果他们只是轻描淡写地说他们太无聊了，那么可以寻找一些活动让他们参与。

　　对很多欺凌者来说，其深层原因往往没有这么简单。孩子可能并不愿意坐下来倾听，甚至还有可能在积极寻找下一次实施欺凌的机会，等到深夜才会去访问网络，一看到你出现就立刻关掉上网设备。如果出现这种情况，那么你最好监控一下孩子到底在网上做什么，并限制他们对数字科技的使用：

- 在一段时间内，禁止他们上网及使用移动设备。
- 让他们就网络欺凌的危险写一篇论文。
- 让他们阅读一本有关网络欺凌的书籍。
- 为他们安排一些社区服务。
- 鼓励他们勇敢道歉并承担责任。

练习：和孩子讨论一下什么是欺凌，作为被欺凌者或旁观者应该怎么做，该采取什么样的积极行动。

理性面对"来自陌生人的危险"

很多父母都担心孩子会遇到"来自陌生人的危险"。以前这种危险还只限于户外，但随着移动设备和计算机进入卧室，这种恐惧已经进入家里。在这一方面，家长们的主要担心就是被诱拐或绑架，但是家长们要知道：根据2006年来自美国的统计数据，每年被绑架的300 000个孩子中，只有12个是被陌生人绑架的。从长远来看，限制孩子接触网络没有任何好处，因为对"来自陌生人的危险"的恐惧大部分都源于多年来我们社会的集体想象。媒体总是在那仅有的几例"警示故事"的基础上，夸大这种恐惧，从而引起过度的焦虑和反应。这种风险确实存在，但是我们需要换一个角度来看，毕竟见陌生人还会有诸多好处，而且伺机捕食者还是很少的。

拜伦教授在她2008年的评论中明确指出，与和陌生人接触的总量相比，来自陌生人的伤害事件并不多，就像前面说的，陌生人虐待儿童的事件少之又少。而所谓的陌生人完全可能只是想结交朋友的其他孩子。

我们必须以应有的严肃性对待网络捕食者所带来的威胁，与此同时，也不要忽略孩子们面临的其他风险，无论是离线的还是在线的。

研究表明，那些暗示自己想要进入"只许好友访问"的空间的陌生人是可疑的、不受欢迎的。女孩更容易违反与陌生人交往的规则，也更容易与人交流，这与大家的普遍看法基本一致。女孩们也承认有遇到"老色鬼"的风险，但是觉得自己已经足够成熟，有足够的能力处理这个问题。她们认为，遇到事与其他朋友交流就能够保证自己的在线安全。如果要见面的话，也可以和其他的朋友一起在公共场合见面。即使有一些不好的经历也不会告诉父母，因为她们既不希望父母为自己担心，更不希望父母因为这些事而限制她们对互联网的使用。在她们心里，父母在这个方面有些天真，因为她们认为即使没有互联网，她们也能从电影、杂志等其他媒体中找到这些内容。

网上交友

索妮娅·利文斯通教授展示了友谊是如何形成的：在复杂的关系网之间自主选择和相互了解，于是就有了"陌生人"变为朋友的过程，而友谊的开始通常是朋友的朋友。网络社区的成员有大量在一起的时间，因此区分朋友和陌生人已经变得越来越难。在网上即便性格内向，遇到人的机会也不会因此而减少。性格外向的人会把每个陌生人都看成潜在的朋友，在交流中会显得非常自信，每天的上网时间很长，交友也更为广泛。与其交往的人中很可能会有一些对他们来说完全不认识的人，因为他们不断地与朋友的朋友结成好友。然而当脆弱的孩子想向网上认识的人寻求情感和社交补偿时，风险就会增加。那些受过这种伤害的孩子往往是更幼小的孩子或者本身就有心理障碍的人。

2010年CHILDWISE《数字生活报告》显示，大多数孩子相信，只要他们不与陌生人见面，就不会有什么危险。虽然其他人可以锁定他们的账户，但是一些孩子的账户仍是完全开放的。一个女孩曾经拒绝过与某个人网聊，但之后意识到自己似乎认识这个人，这让她感到很不好意思。经历这件事后，当再有人想与她联系时，她可能就不会那么谨慎了。

牛津互联网研究所2011年的研究表明，尽管媒体对网络性骚扰表示了担忧，但女性还是比男性更容易与网友见面，而且准备这么做的人更多。男性的意愿也增加了，但还没有女性那么多。因为很多家长通过使用网络工具结识了很多人，所以有不少家长觉得禁止孩子使用网络很可笑。网络环境为人们提供了这样一个空间——可以结交志同道合的人，父母要做的就是设置一些适当的安全措施，以保证孩子这样的经历是愉悦的。昵称为"Sanya2135"的网友对《华盛顿邮报》的一篇文章做了这样的评论：

在现代世界里，很多人在真正见面之前就已经在网上认识并进行互动了，父母必须教孩子学会与这个世界安全地交涉。在孩子的父母双方很可能就是通过网上认识的这样一个时代，不加区分、一概而论的"不要见面"，给孩子制定这样的规矩真的是太傻、太愚蠢了。

我18岁那年是在巴西度过的。一个偶然的机遇让我在路上结识了一对夫妻，之后我和房东一家花了些时间把他们查找出来，在大家都同意的情况下，我与这对夫妻共度了一段时光。而这件事也成了我那段旅程中一个亮点。

练习：花时间和孩子谈一谈，了解一下他对网络上的友谊怀有怎样的期待或恐惧。和他谈谈与新"朋友"见面的一些基本规则，包括：在公共场合见面、和朋友一起去、做好备用计划以及保证不和那个人单独相处。

2010 年 CHILDWISE《数字生活报告》点评：

- "过去，现实世界中的陌生人也可能给孩子带来危险——这个世界没有变得更邪恶，所不同的只是现在拥有更先进的科技而已。"
- "网络存在风险，这点和真实的世界一样。但是它也能带来很多好处，特别体现在娱乐和教育资源方面。"

2013年，莎拉·巴茨完成了她的博士学位，她的研究课题是英国基督教团体如何利用互联网。教堂和年轻人做了大量的工作，因此在线安全是首先要考虑的问题：

如果简单地将互联网归为危险的地方，或者在安全防护的背景下讨论它的作用，那么我们对网站种种可能性的认知就不会很清晰。如果只强调弊而不提及利，那么消极的气氛就会渗透到整个讨论过程。对年轻人使用互联网情况进行的研究表明，媒体往往会过度渲染与陌生人接触的危险性。

第9章 日新月异：移动化的快速发展

2010年，CHILDWISE在对孩子的在线情况进行研究时，手机还不是主要的网络访问工具，因为那时候还不存在广泛分布的Wi-Fi和合适的手机套餐。在那之后，移动化的发展日新月异，对现在的很多孩子来说，手机已经成为他们上网最常使用的设备。让父母感到困惑的是，该不该对网络实施监控、在多大年龄时让孩子开始使用手机、应该使用什么样的套餐等。手机使孩子上网变得更自由，因而也受到青少年的青睐，否则他们可能不得不与家人共享同一台计算机，这既会受到时间的限制，又缺少隐私空间。

问卷中，关于数字技术，他们害怕什么，有什么好的解决方法，受访者给出了这样的回答：

> 我的孩子正越来越多地使用智能手机或其他移动设备，而目前又缺少限制或监控他们使用数字科技的有效工具，这大大影响了我养育子女的能力。
>
> （家长，孩子分别处于 6~9 岁、10~12 岁年龄段）

> 我对孩子手机使用情况的监控，主要是依靠账单和关于使用手机所进行的谈话。我正考虑该如何加强监管，因为我注意到他下载了一些可疑的软件。
>
> （家长，孩子处于 10~12 岁年龄段）

在如今的西方世界，大多数孩子都有手机，特别是那些11岁以上的孩子。他们除了用手机发短信、打电话外，还用手机拍照片、玩游戏、看视频、上网、听音乐、使用蓝牙、下载应用、使用社交网络以及听收音机。除语音通话的时间外，2012年孩子们平均每天在手机上花费的时间大约为1.1小时。从2011年开始，平板电脑特别是iPad和iPad Mini，因受到幼龄儿童的追捧而获得了巨大的市场份额。因为这些小孩觉得使用鼠标很难，而划动屏幕就容易多了。有媒体预测，到2013年年底，平板电脑的销售量将超过计算机。

这个世界移动设备已经变得越来越多。请看由埃瑞克·奎尔曼制作的关于"移动普通化（mobilenomics）"的短片：http://www.youtube.com/ watch?v=GRiwUCXP08U。

问卷受访者认为，手机已经影响了他们的日常生活：

如何提高孩子的辨别能力似乎非常重要，因为当他们使用手机访问互联网时，所有的检查、锁定和安全防护都很难实施。虽然我们目前所遵循的路线未来可能还会改变，但是就现在来看还是非常有效的。

（家长，孩子处于 10~12 岁年龄段）

我们很享受手机带给我的自由，它使我们可以随时交流。由于我们相互之间联系起来非常方便，因而可以制定更灵活的安排。手机让孩子们有了更大的自由——过去需要询问父母是否可以使用固定电话给男（女）朋友打个电话，然后不得不坐在客厅跟男（女）朋友通话的日子一去不复返了！他们在你的床边就可以发短信，这使他们能很快进入一个更加亲密的阶段。

（家长，孩子分别处于 13~15 岁、16~18 岁年龄段）

丹娜·博伊德指出，当代的手机就像瑞士军刀一样——它拥有很多潜在的用途，但我们总是一遍又一遍地使用它的某一种功能。对于手机，更多人感兴趣的不是它的功能，而是其个性化的设计。2006年，她曾调查过大量手机使用者的行为，她发现80%的人从不关手机，而其余的20%则会在一天内关闭4~12小时。因为"担心错过"，所以很多人更倾向于简单地将手机调为"振动"状态。对于那些在自己的社交网络中感到安全的人来说，无手机时间可以被视为一种有点奢侈的享受。那80%从不关机的人中，有一部分是由于他们正处于人生低谷，他们希望朋友们能够与他们经常联系。一个16岁的女孩这样说道：

> 我认为，为了拥有健康的手机文化，我们需要找到如何避免每天24小时被迫公开现身的方法。应该制定一些明确的限制，要求人们在某些时间必须关闭手机、计算机和日志——以防止压力成为全国性疾病。

手机已经成为日常生活的一部分，对很多人起着"生活日志"的作用。他们用手机保存以声音、照片和短片形式存在的各种经历，"证明"用户到过某个地方，使朋友可以分享他们的日常活动。当然为了能够融入某个特定的社会团体，他们还需要遵守社交条例。

手机是入侵者吗

越来越多的网站只有通过手机才能访问，越来越多的移动设备使我们在移动过程中也能进行丰富多样的信息交流。以前我们要想使用数字技术，就不得不被困在屏幕前，而现在我们可以出去、可以走动，却依然能够保持联系。

丹娜·博伊德研究小组里的很多人都觉得电话另一端的朋友离他们好遥远。如果他们是打电话的人，他们更希望能够得着那个朋友。当人们对某件事感到厌烦或孤立无援时，就可能会坐下来给其他朋友发短信，从而证明自己还有其他的事要做。这就出现一个问题，因为这意味着人们不需要为与身边的人和谐相处而努力。加州大学伯克利分校人际关系和社会认知实验室的副教授欧紫兰·艾杜克说，这并不能将全责任都推给科技，晚饭餐桌旁边拿着书籍或蜡笔的孩子同样不愿与周围的人进行互动。"就餐时与人进行交谈，对孩子来说是有价值导向的课程。"她说，"这并不是iPad和非电子之间的对抗。"

就如何合理使用手机，特别是在就餐期间，几个问卷受访者对此制定了规则并进行了评论：

每天晚餐时，我们会进行开放式的讨论，说说这一天我们所遇到的有趣事。

（家长，孩子分别处于 16~18 岁、19 岁以及上年龄段）

> 我们有严格的规定，绝不允许电子设备影响日常活动。我们很鄙视那些大家都已经围坐在餐桌前而他却把头还埋在电子屏幕里的人。
>
> （家长，孩子处于 10~12 岁年龄段）

孩子在购买第一部手机时，在经济上还是完全依赖父母的，他们的父母希望随时都能打电话联系到他们。反过来，这意味着由于"数字皮带"的连接和束缚，孩子们已经习惯于在任何情况下首先向父母求助。虽然这样做在交流沟通上听起来似乎不错，但是像雪莉·特克这样的学者提出了这样的担忧：孩子将由于对父母的过度依赖而不能发展出独立的能力、不能反思自己的情绪，将来也不会发展出自给自足的技能。

数字设备可以当作电子保姆吗

近年来，孩子已经成为智能手机和平板电脑的主要消费者。CBeebies[①]高级内容制作人蒂姆·约克尔说，"2012年的圣诞节似乎是智能手机和平板电脑的一个销量引爆点"，就像网站所指出的，"我们注意到突然每周有几十万人通过平板电脑访问网站"。

---

① 英国BBC所属的一个儿童频道。

当孩子坐飞机或处在类似这样没有什么可看的封闭空间时，访问网络可以为其带来一些适当的娱乐活动。

（家长，孩子处于 2 岁及以下年龄段）

2006年，美国凯撒家庭基金会制作了一份非常有影响力的报告，该报告指出，科技既有利于"维持和平""安排计划"，还能起到"电子保姆"的作用。这是一个我们不需要回避的词语。美国马萨诸塞大学的心理学教授丹尼尔·安德森，曾经花了30年的时间研究孩子看电视的问题。他指出，孩子们在看电视时很难知道什么频道播放什么节目，但在使用iPad时，要看的内容就在手指之下。有了词汇应用程序，如"玛莎说话"，词汇量就会有明显增加。当父母认为孩子看iPad发呆时，那通常只是他们的注意力太集中了，就如当他们被某本书深深吸引时会表现出的那样。

问卷受访者就移动、触屏技术带来的好处提出了各自的见解：

触屏更为直观，而且能够使年龄更小的孩子和更多有着先天不足的孩子参与到处理复杂问题的过程之中。

（家长，孩子处于 3~5 岁、10~12 岁、13~15 岁、16~18 岁年龄段）

两个孩子都会玩我手机上的游戏。我相信这对锻炼手眼协调能力是有利的，同时还能给他们带来一定的成就感。

（奶奶或外婆，孩子处于2~4岁年龄段）

　　我3岁半的儿子喜欢用计算机做任何事情，特别喜欢使用我或妻子的iPhone手机。他浏览菜单比我们都快、都有效率，虽然不会阅读，但他能理解该怎么操作，这使他对表达更有信心，也更自由。他利用新技术去学习数字和字母，学习游戏中运用的技巧，如手指的灵活性和手眼协调能力。

（家长，孩子分别处于2岁及以下、3-5岁年龄段）

　　我的小女儿在学会走路前就会给我的触屏手机解锁了，她喜欢CBeebies网站，上面的游戏既具有教育性又具有激励性。她已经开始在手机上玩数独游戏和棋类游戏。目前，对她的好处主要还是体现在教育上。

（家长，孩子处于3~5岁年龄段）

　　虽然孩子可能更享受自己使用iPad的时光，但是也要确保这并不仅仅是孤独的消遣。这样做不仅有助于你了解孩子如何使用iPad，也为讨论潜在的问题提供了空间。米凯拉·伍尔德里奇是加拿大西部的一位发展心理学家，她最近进行了一项研究——看母亲与孩子之间的互动方式是否受孩子玩不玩传统玩具的影响。她说的传统玩具包括：形状分类器、书籍、动物玩具、电池驱动玩具。她发现那些拥有电子玩具的孩子家庭是这样的：

> 父母并不缺少对孩子的爱，但他们不太负责，很少鼓励和教育孩子，玩具几乎会对他们的亲子关系产生负面影响。他们只想试图做两件事：一、如何使用玩具；二、如何教孩子学会使用玩具。

很多父母认为只有将数字设备作为学习工具才是正确的。

> 数字时代的发展如此迅速，这使我们很难跟上。作为一个家庭，我们相信技术是非常重要的，但对它的使用仅限于学习，孩子们可以玩他们的游戏，但必须有时间的限制。
>
> （家长，孩子处于 6~9 岁年龄段）

Mashable上的一篇文章指出，适合8~13岁儿童的大部分教育游戏都在平板电脑上消失了。关于应用是否要有"教育性"的讨论有很多，但什么样才算是教育性的？是不是所有东西都要达到那个标准？孩子们需要的是"没有任何附加"的时光，当然，一定要有"户外时间"。虽然随着数字技术的不断提升如"谷歌眼镜"的发明，在某些情况下数字技术的使用并不会减少"户外时间"，但是父母们还是需要知道，很多平板电脑上的应用程序为了让孩子不停地玩这个游戏，会通过不定时地提供奖励或令人兴奋的图像，来刺激多巴胺的释放，从而影响大脑的奖励和愉悦中枢。这对游戏制造商来说是好事，但对一些用户来说却有上瘾的危险。

问卷受访者就如何在家中对数字技术的应用进行控制提出了自己的见解。

> 我的小儿子很少在无人监管的情况下访问网络，我会控制他在iPhone和iPad上玩的游戏。偶尔我会发现他在玩一些不适合他的游戏或在YouTube上观看一些不适合他的短片。我们会和他讨论为什么这些不适合他，然后"严禁"玩这些游戏或观看这些视频。整体来讲，他对这些"禁令"还算遵守，但是他和其他的7岁孩子一样，也喜欢突破界限。
>
> **（家长，孩子年龄分别处于6~9岁、13~15岁年龄段）**

> 就目前而言，他们还是在我们的监管之下使用，他们借用我们的手机和iPad玩游戏。只有我们才有这些设备的密码，也只有我们才能下载新游戏。
>
> **（家长，孩子年龄分别处于3~5岁、6~9岁年龄段）**

在2013年最初的3个月中，超过130亿的应用程序被下载。虽然有很多应用是免费的，但是一些父母还是发现了需要付费的地方，所有这些都需要登录，与信用卡相关联，这样就可以进行"应用内"购买，比如一些额外的生命或奖励关卡。虽然支付的金额通常都很小，比如说69便士，但是累加起来也是个不小的数额。我玩的第一个游戏是《糖果粉碎传奇》，我沉迷其中，在5个小时内花费了40英镑——不用说，之后我就改变了我玩游戏的习惯。然而有些孩子可能并不知道应用内购买，消费的是真正的金钱，所以父母需要就这一点和孩子好好谈谈，或者直接将应用设置好，以防止这类情况的发生。在很多父母都陷入这种大账单之后，苹果公司退还了一部分费用，并将程序设置为在每笔费用支付之前都要求输入密码。我们需要明白，游戏开发商并不是无私的利他主义者，他们精心打造的每一款游戏，都希望你玩更长的时间并赚你更多的钱。

你可能会发现，你自己从其他的家长那里获取建议，而孩子也从他们的朋友那里获取建议。当你开始寻找一些孩子们的应用时，可以访问以下这些网站：

- http://www.bestkidsapps.com
- http://funeducationalapps.com
- http://www.guardian.co.uk/technology/appsblog/2013/
  jun/19/50-best-apps-kids-iphone-android-ipad

- http://www.guardian.co.uk/technology/2012/aug/04/50-bestapps-chidren-smartphones-tablets

可以参考以下这些文章，关闭手机上的这些设置：

- 苹果手机（iPhone）: http://www.guardian.co.uk/technology/appsblog/gallery/2013/apr/17/how-to-stop-children-inapp-purchases-ios
- 安卓手机（Android）: http://www.guardian.co.uk/technology/appsblog/gallery/2013/apr/17/how-to-stop-children-inapp-purchases-android

该给孩子买什么样的手机

我和女儿一起去氧气店建立一个她玩游戏时可以使用的账户，因为她希望我能帮助她。

（家长，孩子处于 19 岁及以上年龄段）

因为话费套餐变得越来越有用，所以拥有手机的人也越来越多。受BBM（BlackBerry Messenger）的影响，黑莓手机特别受青少年的青睐，尽管用不了多久，在iPhone和安卓手机上也将可以安装BBM应用。虽然问卷受访者们认为，现在的青少年是最早的智能手机使用者，但是作为家长还是不愿意为孩子购买昂贵的手机。

> 我们的三个孩子都有手机。最小的孩子9岁，她使用的是一部我们废弃不用的手机，而且只有在她离开家的时候才使用。另外两个孩子分别为13岁和15岁，因为他们迷上了pinging 和BBM，所以他们的手机经常被没收。
>
> （家长，孩子处于 6~9 岁、13~15 岁年龄段）

很多父母给孩子买手机是为了能够与孩子随时取得联系，从而感觉更安全。为了保障孩子的安全，可以研究一下店铺及网络所能提供的帮助，包括考虑购买保险、适合年龄的设置、内容过滤器、应用控制、定位隐私、拦截色情与暴力的内容以及关闭购买应用的功能等。不要去考虑关闭手机的上网功能，因为如果真的那么做了，那么智能手机的亮点又在哪里呢？

每个网站，还有一些商店，都给家长和孩子提供了一些自己的建议：

- O2: http://www.O2.co.uk/parents (wide range of useful advice, checkout:http://www.o2.co.uk/support/generalhelp/howdoi/safetycontrolandaccess/parentalcontrol)

- Vodafone: http://www.vodafone.com/content/index/parents.

html (includes the free Digital Parenting magazine)

- EE: http://explore.ee.co.uk/digital−living/keeping−children− safe (includes a series of videos explaining core social netiquette)

- Three: http://j.mp/three−parent−control (parental control settings)

- BlackBerry: http://j.mp/BBM−parents (advice for managing spam, etc.)

- PhoneBrain: http://www.phonebrain.org.uk – useful advice for

- managing the responsibilities of owning a phone (for children, teens, teachers, parents)

- Carphone Warehouse: http://www.carphonewarehouse.com/ mobilewebsafety

- Phones4u: http://www.phones4u.co.uk/mobile− security?CID=Affiliate_78888

- Mumsnet: http://www.mumsnet.com/Internet−safety/mobile− phones

在购买手机时，如果你不倾向于使用"即付即用"的模式，那么你可以使用包含通话费和上网费的套餐，但是要提前问清楚如何限制过度消费以及如何拦截不良网站。虽然网站http://kidsmart.org.uk/downloads/mobilesQ中的这张清单写于2006年，但是上面的pdf对于要给孩子购买手机的父母来说还是很有帮助的，其中包括了有关蓝牙、恶意传播号码以及国际漫游等问题。在第4章的"给我买吧！给我买吧！"一节中，我们曾提到家长们将面临如何管理花费在数字应用上的零花钱。关于手机的使用，现在越来越多的孩子使用的是消费套餐，包括了短信和流量费用，每个月大约15英镑，这些费用大部分都是由父母来支付的。

孩子多大时该给他买手机

"妈妈，所有人都有数字设备，只有我没有。"我4岁的儿子有时会显得有些沮丧。但是为什么他觉得自己有资格拥有？因为人们开发了成千上万的儿童应用程序——主要针对像他这样的学龄前儿童，而这些应用程序的存在使他在学龄前就学会说上面那句话。

在2013年，专门为4岁孩子们开发的手机"1stFone"问世了。因为只有一些最基本的功能，所以制造商相信这会在很大程度上降低风险，比如：遭受网络欺凌、不雅信息、被抢劫或在网上看一些不适合孩子看的内容。父母只可以在电话簿中存入12个电话号码，以及报警电话和999，而孩子也不能给除此之外的其他任何人打电话。刊登在报纸上的评论指出：一些父母认为面向4岁孩子的营销是完全错误的，因为他们根本就不需要手机；另一些人则认为这在紧急情况下非常有用，而且还能让孩子了解一些关于手机的基本知识。与之相比的是专为老年人打造的手机，这些手机往往有较大的按键、不花哨的功能以及SOS按键。为了充分发挥每个人的特长，为什么不让你的孩子去教老人使用手机呢？

研究表明，平均而言，孩子们通常在8岁时会收到第一部属于自己的手机。有些父母认为初中时开始使用更适合，因为在那个阶段孩子可能会出去旅行、独立参加课外活动以及去朋友家做客。对于分居或离异的父母来说，因为孩子不能和他们一直住在一起，所以使用手机是保持联系的一个非常好的方式。在任何情况下，父母都应该根据实际情形做出自己的决定，而不是屈从于孩子的软磨硬泡。

问卷受访者就他们是否会为某种特定的技术应用设置年龄限制提出了自己的见解：

先让孩子们在监管下使用台式机，只有他们在这个过程中的表现值得信赖，才可以使用低端智能手机或者其他类似产品。这就意味着，要根据孩子的手机使用情况来制定"升级"标准。至于这个规则适用于多大的孩子，我觉得孩子和孩子是不一样的。

（家长，孩子处于 16~18 岁年龄段）

我们只提供最简单的手机和最低档的消费套餐——如果他们想要智能手机，就必须自己攒钱买，我想应该在14岁到16岁吧，等他们有足够的责任心，能保住他们的第一份工作时，他们就能得到了。

（家长，孩子处于 16~18 岁、19 岁及以上年龄段）

目前我已经说了不能拥有手机。等他11岁上了初中后，为了使他能在必要的时候联系到我们，我们才会考虑。但是，我未必会给他买智能手机，因为我自己还没有用智能手机，为什么要给他买呢？

（家长，孩子处于 6~9 岁年龄段）

因为我们的孩子从9岁开始就要从我们的村庄搭乘公交车上学，所以从那时起，我们就允许他们使用手机，但只是一些简单、便宜的手机。我的女儿13岁时得到了她第一部智能手机，我想儿子们也一样。

（家长，孩子处于 3~5 岁、6~9 岁、13~15 岁年龄段）

从问卷的回复中可以看出，大家普遍认为孩子上了初中后才真正需要手机，不过如果恰好有一部空闲的旧手机，也可以给孩子们使用。人们普遍觉得，孩子在13岁之后才需要智能手机，而且基本上都是在中考前后才需要：

> 我们一直等女儿上了初中后才给她买手机，而且买的手机也都是简单且便宜的，因为手机很可能被弄丢或被偷。此外，使用智能手机，还容易浪费太多的时间和金钱。
>
> （家长，孩子处于 6~9 岁、10~12 岁年龄段）

和孩子探讨手机使用限制的最佳时机，就是给他们买第一部手机的时候。谈论的内容应该包括：

- 严格按照预算消费。

- 如何防止手机被偷。

- 如果手机被窃，知道该如何处理。

- 清楚手机丢了或违反使用规定的后果。

我有一个朋友，如果他的孩子因粗心大意乱放手机或者因参加什么活动把手机落在那儿，那么他们为之付出的代价就是在接下来的一段时间内不能再使用手机。这么做是为了培养他们的责任心。你甚至可以像加内尔·霍夫曼那样做，她在给儿子一部iPhone的同时还带了一张"合同"，结尾是这么写的："你将陷入困境，我会把你的手机拿走。我们要坐下来好好谈谈这件事。我们将会从头再来一次。"

使用短信的利与弊

发短信是一种简捷、有效的交流形式，虽然时间有些推延，但是谈话可以继续，因为你不需要立即回应。《联线》杂志对孩子进行了采访，孩子们表示语音通话会让他们感到的焦虑有：他们不希望别人听到他们的谈话；如果没人接听会使他们很担心；拨打电话很耗电量。他们还指出，不回复短信也会使年轻人感到忧虑，他们会担心短信被误解，认为自己没有被划入"酷"的群队中——尽管这种担心自古就有。

家长需要了解现在孩子和年轻人发短信的习惯。各处流传的数据都认为青少年是发送短信的主力军。爱丁顿把每天发送短信超过120条的人称为超级短信族，这些人通常在其他方面也会表现出混乱、无节制的行为，或者容易受到同伴的影响。如果你的孩子一个月发送短信的量超过3 600条，你就该和他谈谈了。虽然运营商推出很多不限数量的短信包，但是这些短信包很可能是在购买其他推荐产品的前提下才能获得。在《卫报》的采访中，菲利帕估计自己每天大约发送30条短信，接收到的也基本上是这么多。大多数短信都是关于见面的一些内容或者是讨论家庭作业，也有些短信是因为特别无聊才发送的。她很少用手机给别人打电话，除非是为了安抚父母或让父母来接她。打电话费用很高，而且不能在教室里打——在教室大家都发短信，尽管他们知道这样做也不对。

因为年轻人越来越频繁地使用短信进行交流，所以我们必须意识到他们不可能使用符合我们所学的那一套读写标准。诺基亚的用户体验专员特蕾西·罗玲在2012年指出，在过去的15年里，我们一直在担心短信会毁了孩子的读写能力。

事实证明，那些使用（发明）短信简写的孩子比我们这些墨守成规的成人语言能力更强，因为短信简写是发明创造性的语言游戏。现在的孩子和我们小时候相比，既没有变得更聪明，也没有变得更笨；科技只是帮我们解放了头脑做更有用的事情而已。

一些常见的信息语言：

- ACORN（橡子）：真的很疯狂的人（英文中nutty既有"疯狂古怪"的意思，也有"多坚果"的意思）。

- ASL：年龄、性别和地址（Age、Sex、Location三个单词首字母）

- BFF：永远的好朋友（Best friends forever三个单词首字母）

- GAL：振作起来，做点有意义的事吧（Get a life）

- GSOH：很有幽默感（Good sense of humor）

- HMU：跟我联系（Hit me up）

- IDK：我不知道（I don't know）

- IRL：在现实生活中（In real life）

- LOL：哈哈大笑（Laugh out loud）

- LMIRL：让我们在现实生活中见面吧（Let's meet in real

life）

● NBD：没什么大不了（No big deal）

● PRW：父母监视中（Parents are watching）

● ROFL：笑得直打滚（Rolling on the floor laughing）

● 10Q：谢谢（Thank you）

● TISNF：那是如此不公（That is so not fair）

● TMI：信息量太大（Too much information）

● TBH：说实话（To be honest）

● WRU：你在哪？（Where are you?）

在哪里可以查找更多：

● http://www.netlingo.co/acronyms.php

● http://www.webopedia.com/quick_ref/textmessageabbreviations.

asp

● http://computersavvy.wordpress.com/2009/06/03/textmessage–

and–chat–room–short–form–dictionary–letters–a–zver–2‐0/

● http://www.urbandictionary.com

第10章　色情暴力：交流比担心更有效

作为托管所的看护人，我曾亲眼看见孩子在网络、DVD上接触一些不良内容，或是在微软游戏机、索尼旗下家用电视游戏机上玩一些不适合他们的游戏。大量事实表明，接触色情及暴力场景会对孩子——我们的下一代的行为产生负面影响。不幸的是，某些父母的养育方法并不值得我们的肯定。我们的社会不是要保护和支持那些弱势群体吗？那我们为什么要忽略我们的孩子？

（看护，看护的孩子处于6~9岁、10~12岁年龄段）

对于色情和暴力，人们普遍都表示担忧，但更重要的是要注意保护那些更容易受到影响或伤害的孩子。对于你自己的孩子，要确保给予他们足够的支持并保持亲子间沟通渠道的畅通，以免变成"易受影响和伤害的用户"。就好像在网络上遇到的其他问题一样，如果孩子们遇到色情内容，他们应该：

- 停：不要做任何应对。

- 保存：将他们正在做的文件保存起来。

- 分担：将信息告诉他们信任的成人。

*索妮娅·利文斯通*教授强调，虽然每个人在网络上都会有遇到负面情况的风险，但是那些有心理障碍的人受到的伤害可能会更强烈、更持久。那些在现实生活中适应能力强的人也往往更容易适应在线环境，而那些离线时表现脆弱的人在网络上也同样脆弱。MediaSmarts从2012年起开始进行的研究，为人们提供了一个令人鼓舞的结论：大多数接受他们调研的孩子都非常清楚在线的风险，也能够通过管理自己的行为去尽量避免风险，并能在遭遇风险时表现出强大的适应力和恢复力，在必要时还会积极寻求父母的帮助。

网络色情的防治及处理

媒体总是过度关注网络上"色情作品"给孩子带来的危害，以至于很多家长都觉得他们无力阻止。利文斯通教授补充到，很难在这个方面进行辩论，因为媒体总是将一系列的复杂事件混合成一个大的惊悚故事。欧盟儿童在线调查发现，在25 000个接受调查的孩子之中，虽然将只看过一张色情图片的情况都包含在内，但是也只有6 000个孩子遇到过。虽然这仍然是个很高的数字，但是媒体报道给人的印象却好像是每个孩子都会遇到这种情况。

> 　　我们会非常公开地讨论色情、赌博，以及它们给人们生活带来的负面影响。我们会谈论、鼓励和支持别人，而不是在网上滥用我们的力量，贬低他人。我加入了一些游说团体，努力实现成人内容的"登录"功能，使这些内容仅限于成人。这样观看或下载就不会那么容易，从而防止年幼的孩子接触到这些色情图片。
>
> **（家长，孩子处于 16~18 岁、19 岁及以上年龄段）**

　　年轻人会有意搜索性方面的内容，这种情况现在已经变得非常普遍。从很多方面来说，这都是"人生的一个必经阶段"。过去如果想得到印刷的色情书刊还要费些周折，而如今这方面的内容却可以在网络上自由传播，而且大部分内容是更加赤裸的性行为描写，并带有暴力性质。那些在网络上有意寻找这些内容的孩子，往往知道如何删除他们的互联网浏览记录及信息记录程序，这样家长就不会知道，甚至认为自己的孩子肯定不会做这样的事。欧盟儿童在线调查发现，因为在网络上很容易就能获取这方面的内容，所以很多年轻人认为这样很好——没有人能看到他们，而且他们也确信自己不会被抓到。

　　欧盟儿童在线调查还显示，男孩更爱搜寻色情内容或发送这类内容的链接，而女孩如果看到这些内容则会感到很沮丧，并会对自己未来的性期望感到担忧。来自NHS[1]临床治疗强迫性行为的希瑟·伍德医生指出，对年

---

[1] 英国国家医疗服务体系。

轻人来说，观看网络色情还存在一些其他风险：

      虽然一个15岁的男孩对同龄的女孩子产生性兴趣是正常的，但是如果色情图片涉及15岁及以下的孩子则是违法的，在英国下载及传播这类图片是属于犯罪行为。

十几岁的男孩可能会对那些与自己年龄相仿的女孩更感兴趣，但是他们可能还不能区分14岁与18岁的女孩有什么不同。所以如果他们访问的色情图片上的女孩只有14岁或15岁，那么他们将面临更高的被起诉风险。

2010年，内政部的一份报告曾提出这样的警告，潜移默化地接触那些性意象——包括色情描写、男性杂志以及广告中的性假想，会扭曲年轻人的自我认知。这些性意象会鼓励男孩偏执于男子气概，认为自己是占主导地位的，而女孩则认为自己是性行为对象，并且可以十分放纵。在色情描绘中往往会过分强调"完美身材"，而当年轻人发现自己和所谓的"完美身材"不匹配时，他们就会感到非常沮丧。

同时，利文斯通教授还指出，孩子们常常想挑战在网络上看到的色情描绘，试图模仿所看到的色情场景。著名博主"白日美人"认为："应该让孩子明白，色情书刊或短片只不过是为了娱乐，而并非性行为真的应该是那样的。当我们和年轻人谈话时，也不要再刻意跳过真正的性行为和性伴侣之类的话题。"正如利文斯通教授的研究所显示的，色情并非存在于社会真空里。在西方的文化中，据称男性和女性在社会中享有平等的地位，性侵犯和性骚扰被视为错误的行为，但是在各个年龄段都会有这样的人，一旦有机会，他们就想挑战这些错误的行为，使色情内容得以存在。

在21世纪初，因为对年轻人访问色情内容的担忧激增，所以过滤软件作为解决方案被提了出来，但是有关这一点的争论至今仍在继续：

> 如果汽车制造商以对儿童安全座椅、气囊、安全带等的选择和使用完全取决于父母为由，而拒绝对安全负责，那这一定会引起大家的强烈抗议。但是这和社交网站又有什么不同呢？我们都知道有风险的存在，我们都知道有粗心大意的父母，所以我们一定要保护那些父母不能或不会保护的孩子。

汤姆·伍德，一个16岁的男生，只用了不到30分钟的时间，就突破了澳大利亚花费8 400万美元打造的互联网色情过滤器。因此我建议，对儿童互联网安全的关注不能只依靠过滤器，而是应该放在其他地方——教育孩子保护好自己及他人的隐私。过滤软件对幼小的孩子来说是有用的，但是对于大一些的孩子，我们必须提前预料到他们总是试图绕过这些保护软件，所以不能认为安装了过滤软件，自己的任务就完成了。要花时间想想，孩子是在什么时间、什么地点、以何种方式访问互联网的，当他们遇到那些令人烦恼的东西时又该如何处理。正如莎莉·派克在《电报》中写的："在你的孩子30岁之前，你要竭尽全力地去保护、监督他，以防止他接触那些不良、邪恶的东西。"

这就是我们之前曾提到的，而今仍在持续争论的一部分，即互联网是否应该将色情内容默认设置为"选择性加入"，而不是利用过滤器进行"选择性排除"。对于过滤器，妈妈网在收到专业用户的反馈后就不再使用了。

正如美国国家科学院《青年、色情和互联网》的报告中所陈述的：

> 游泳池对孩子来说也是个危险的地方，为了保护他们，可以给泳池上锁、安装围栏、部署泳池警报。所有这些措施都是有用的，但是到目前为止，能为孩子做的最重要的事是教会他们如何游泳。

在2008年，塔尼娅·拜伦也使用了一个相似的比喻：很多成年人只会在浅水区戏水，虽然孩子们非常善于游泳，但孩子们一旦完全进入水里，大人们就会不断地警告孩子那里很危险，并要求孩子远离游泳池。在大人眼里，互联网就是那个水很深的游泳池，为了不让孩子因沉迷于色情而"溺死"，父母需要敞开交谈的大门，尽管这很难做到。请家长注意这个问卷受访者给出的建议：

> 我认为如果孩子们能够理性地对待，并在家长的指导和监督下使用，那么这些可供使用的数字工具将会使生活变得非常美妙。如果父母肯花些时间去熟悉孩子正在使用的数字工具，潜在

的危险是可以化解的，特别是对于那些年龄较小的孩子。但是和其他任何事情一样，如果你只让孩子自己使用和处理他们的设备，那么他们就可能会在使用数字工具上遇到麻烦。作为父母，我们有责任让孩子了解这些风险，并将他们武装起来，使他们能够在网络环境中安全地操作。

（家长，孩子处于3~5岁、6~9岁、13~15岁年龄段）

在线诱拐和虐待儿童

前面，我们曾提到过丹·加德纳和他对恐惧与风险的研究。他提到过"危险中的天真（Innocents in Danger）"这个网站，该网站属于瑞士的一个非政府组织，上面宣传了一些恐怖的统计数据，在统计数据之后还有这样的描述："最近的数据表明，大约有5万的恋童癖者不分昼夜，随时潜伏在互联网上。"虽然这个说法没有任何来源，但是这个数据却在演讲以及新闻标题中不断出现。这个数字并不可靠：首先这只是个概数，其次这个数得到得非常轻率，就好像从空中摘下来的一样。实际上，这是个不可能被统计的数字，因为人们不会在调查中声称自己是恋童癖者。那些监控软件制造商，如SpectorSoft™，非常喜欢用这样的数据来恐吓家长，他们宣称，"这些恋童癖者只有一个想法：找到一个孩子，建立一段关系，并最终和这个孩子见面"。5万这个数字的出现与之前的两个恐怖数据有关：在20世纪80年代初被陌生人绑架的孩子数量及在20世纪80年代末被邪教杀害的人数。丹·加德纳说，虽然你也会意识到这个数据显然是被夸大的，但是"锚定规则"使你会有这样的直觉——或许只有1万，但这依然是个大问题，还是值得花些钱来购买那些软件来保护孩子在这方面的安全。除了软件制造商会在广告中使用这个数据外，其他组织或个人，包括儿童保护倡议者、非政府组织、警员、政治家以及一些记者，也会不断提及这个统计数据，以表达对"这项事业"的支持。

虽然比起恋童癖者和线上诱拐，在网上目睹虐待动物的视频会对更多的孩子产生影响，但是对于父母来说，最可怕的仍旧是网络存在绑架儿童的恶魔。2003年通过的《性犯罪法案》把线上诱拐修改为有诱拐预谋即为犯罪，即无须等到虐待被确认，也无须在发生诱拐行为后才算犯罪。英国贩卖儿童问题及儿童在线保护中心指出，在2012年初，举报虐待事件的数量达到每月约1万起。其中至少有四分之一的事件为怀疑线上诱拐的案件，而不是有实际证据的案件。有一些怀疑者认为，有不少人通过电脑在网络上不断试探，以寻找作案机会。据统计，道路安全仍然是比在线安全更大的问题，但是人们对在线诱拐的忧患意识却仍在不断增加。

在线性诱拐，是指某人因为怀有对儿童实施性虐待的动机而想办法与儿童建立联系，无论在线与否。那么你要注意的是什么？当你阅读下面列举的这几点时，请不要将这里列举的情形孤立地看，并非符合了某条行为就意味着诱拐真正发生。就如我们在第8章"朋友关系"一节中所指出的，有些人可能只是真心寻找友谊的孩子：

- 详细收集个人信息，如年龄、姓名、地址、手机号码、学校名称、

154

照片等。

- 提供做模特的机会，特别是向那些年轻的女孩。

- 承诺可以见到某个明星偶像、社会名流，或提供什么商品。

- 提供运动赛事或音乐会的廉价门票。

- 提供一些物质上的礼物，包括电子游戏、音乐或软件。

- 提供一些虚拟礼品，如某个奖项、密码或赌博的骗术等。

- 推荐一些又快又容易的赚钱方式。

- 支付年轻人费用，使其面对摄像头裸露身体或进行性表演。

- 提供积极的关注，以赢得孩子的信任。

- 鼓励孩子分享或讲出在家中遇到的困难或发生的问题。

- 表达同情或支持的回应。

- 暴力和恐吓行为，如联系孩子的家长，告诉父母孩子在网上的聊天记录和在社交网站上的发帖，从而威胁家长透露孩子信息。

- 说他们知道孩子在哪里居住或在哪上学。

- 通过网络摄像机侦查，并拍摄受害人的照片及影像。

- 问一些有关性话题方面的问题，如："你有没有男朋友？"或"你是个处女吗？"

- 要求孩子或年轻人在现实中见面。

- 向孩子发送一些有关性的图像，描绘一些成人内容或对其他孩子性虐待的内容。

- 伪装成未成年人或使用一个假身份来欺骗孩子，通过学校或兴趣网站来收集孩子的兴趣、爱好、不喜欢的东西等相关信息。

你可能想知道社交网站为保护孩子都做了些什么，其实它们都为之做了一定的努力。如企鹅俱乐部（Club Penguin）网站设有200多个版主，而脸书也积极阻止那些被确认为性犯罪的人进入网站，虽然他们没有办法承诺在这方面能做到100%的成功。在2013年7月，一些互联网巨头，包括脸书、微软、谷歌、推特和至少其他三家重要公司，经过9个月的讨论，制定出了一套旨在主要平台彻底清除虐待儿童图像的计划，这在以前是不可能实现的。

还有一条令人振奋的消息就是，警察正在积极搜寻抓捕恋童癖者，97%的失踪孩子已经被找到。在寻找孩子的过程中，社交媒体发挥了巨大的作用。你还可以利用其他工具，比如在你的智能手机上安装Wootch后，如果你的孩子离你超过5米的距离，Wootch就会发出警报。

更多信息请访问：

- https://www.thinkuknow.co.uk/parents/
- https://www.facebook.com/note.php?note_id=196124227075034
- http://www.google.co.uk/goodtoknow/familysafety/abuse/
- http://www.clubpenguinwiki.info/wiki/Report_a_Player
- http://www.moshimonsters.com/parents
- https://www.iwf.org.uk

下面是问卷受访者就他们在家里采取了哪些措施，来确保孩子安全地使用数字技术的回复：

　　家庭协议；讨论报纸上那些孩子被利用的案例；经常用的电脑要放在楼下的中心位置，我们知道所有的密码，偶尔也会审核一下。如果我发现他们在试图隐藏什么内容，我就会感到非常担心。

（家长，孩子处于 10~12 岁、13~15 岁年龄段）

　　我们通过解释和聊天的方式——分析一些新闻事件，教育他们了解风险。这要比唠唠叨叨更有用。

（家长，孩子处于 19 岁及以上年龄段）

　　练习：在报刊中找一些关于诱拐的案例，然后和孩子讨论：如果案例中的人不那么做结果会怎样？思考一下："如果"做了另外的选择，结果又会是什么？

色情短信的防治及处理

　　广义的色情短信，是指"发送露骨的性方面的信息或图像的行为，主要发生在手机之间"。随着移动技术的迅速发展，图像可以被快速传播，

157

从而引发一些情感、社会，甚至是刑事犯罪的问题。那些发送这类短信的人很可能急于建立一段融洽的关系，从而"证明"他们已经为一段爱恋做好准备，但是他们太过于冲动，没有考虑到他们的行为会产生的后果。正如我们所看到的，一些应用程序会给人一种幻觉，认为一切尽在掌控之中，如Snapchat，通过其发送的图片在几秒钟之后就会"消失不见"。家长必须让孩子们意识到，这些图片很可能已经产生了副本并存储在传播过程中的某些服务器中。家长不能等事情真的发生了才和孩子讨论这个话题——把这样的谈话拖延到以后，可能会导致更为糟糕的事情发生。

利文斯通教授指出，在色情短信的问题上，很难在"开玩笑"和"强制性"之间设定明确的界限，因为有很多青少年之间的谈话都是含糊地暗示两性关系，或是粗俗的笑话，或是郑重的许诺。欧盟儿童在线研究发现，大约15%的孩子在最近的一年内收到过色情短信，却只有6%的家长认为自己的孩子看到过这类信息。数据显示：在罗马尼亚、爱沙尼亚和波兰，色情短信的发生率更高。在这些国家，政府和家庭对孩子的保护还不够完善，而家庭互联网的访问率却增长得很快。在看到过色情短信的人中，很少有人会感到受伤或沮丧。女孩们收到这类短信往往会和自己的闺蜜好友说起这件事，而男孩们则更愿意利用数字技术继续传播或只是耸耸肩就过去了。那些感到沮丧的通常是还不到10岁的孩子，并且他们很可能会寻求社会和心理上的援助，来弄明白为什么他们会被卷入一段不健康的关系之中，毕竟他们的关系只不过是交换了电话号码而已。

现在，在色情图片中出现的人所要承担的社会压力越来越大，但总体来说，这只不过是那句"如果你爱我，那么就和我上床"的陈词滥调在数字技术上的发展。她们很可能受到这样的威胁，如果不愿拍这样的照片就分手吧，或者如果不愿和他们发生性关系，那么他们就会把以前的照片发送给别人。虽然很多年轻人已经接受这样的观点，认为色情短信是生活的一部分，但这是违法的，并且还构成了儿童性虐待。如果你们已经有了定期讨论"数字科技"的习惯，那么就要保证你们所讨论的内容能够涵盖这个话题。如果你发现你的孩子已经卷入这样的事件中，那你更要和他们好好谈谈，找出他们这么做的原因，尝试理解他们的动机，帮助他们避免刑事犯罪。然而，有一些青少年为了满足性欲，积极地在网络上寻求上钩者，这必然会产生一段异常的交谈记录。还要提醒那些年龄已经超过16岁的人，在与年龄不足16岁的人交往时，更要妥善地处理问题，要注意行为的合法性。

当恋爱关系结束时，色情照片中的人会遭遇巨大的危险，因为那时的照片很可能会被报复性地共享。而每张照片的共享，都是在这种非常可能实现的假设下实现的——这些照片已经不再属于隐私。一旦出现在公共领域，照片就会被迅速复制和传播，再也收不回来。如果你收到色情短信，就应该迅速删除。因为你是如何处理这类图片的，警察在搜寻"证据"时都可以检查出来，并能追踪数据线索，通常情况下会受到一般意义上的法律制裁，也有可能会受到刑事指控。一旦成为登记在案的性犯罪者，那么这个标签将会在以后的岁月里一直跟随着你。

年轻人一旦陷入受虐的爱恋中，他们就很难挣脱出来，我们需要警醒，并在他们逃离这种关系时给予支持。构成虐待爱恋的行为有：过度地发短信想要知道你在哪里以及和谁在一起、要求发生性关系、拍摄勒索裸照、要求得到账户密码、只能和他规定的人交朋友。这些行为就像网络欺凌行为一样，孩子们要知道并不是"所有人都在这么做"，他们可以通过向同龄人询问就能够清楚地知道这一点。2012年开始的MediaSmarts研究强调，在同龄人中，女孩如果不参与共享色情化图片的话会感到压力——女孩们为了不被贴上"荡妇"的标签常常会采取更多措施，同时指责那些共享这类图片的人言行失检——而男孩则基本上是自由的，想怎么做就怎么做。

关于那些已经共享过色情图片的孩子，家长要记住他们既不是第一个也会不是最后一个分享这种图片的人，而且要承认这样一个事实，你不可能找回所有的图片。让孩子明白每个人都会犯错，并协助他们处理因此而带来的一切后果。如果可能的话，可以联系服务供应商请他们将图片从网站删除，但是要知道你不可能删除所有的副本。如果照片是在学校范围内传播的，就要请学校参与进来，以限制骚扰的发生。虽然在学校进行认知宣传能起到非常显著的效果，但这只适用于非常自信的孩子，对于那些脆弱的孩子还需要采用其他对策。

第11章 恪守法律：网上行为同样要承担法律后果

在前面的章节中我们看到，网络已经引发了很多法律问题。总的来说，我们最好不要把互联网看作是西部荒原，最好能意识到虽然大家都承认互联网的全球性，但是你访问网络的所在地法律通常也适用于网络空间。在线行为被视为"人性的放大"——犯罪在现实中存在，在网络中同样存在。在网络世界与在现实世界一样，父母也要为孩子的行为负责并承担法律后果。

我们知道很多色情图片已经属于非法内容，这与极端暴力行为和种族歧视一样。其他违法的网络活动还包括诱拐、身份盗窃、故意造成情感困扰、侵犯隐私、欺骗和性骚扰。南华克地方议会对马特"帮派成员"下达了禁令，他们认为YouTube已经成为帮派成员新的集结地。南华克区地方议会社区安全的负责人乔纳森·托伊说："虽然我们都希望人们能使用社交网络，但是我们不希望有人利用社交网络来煽动暴力行为。"立法系统也在努力使现行法律能够适用于网络犯罪，但是由于科技发展得太快，制定一部分法律还需要重新考虑。不过，目前它们仍具有法律效力。

版权：抄袭网上的作品同样是侵权行为

版权是一个复杂的话题，也是个我们需要了解的话题。我曾上过一个两天的课程，专门学习有关版权方面的知识。历史学家赖安·柯德尔的孩子在脸书上探讨，在数字时代，出版商如何寻找办法来对他们信息被共享的方式进行"管理"，这与19世纪版权系统规范化之前记者们的斗争相呼应，因此获得了100万个"赞"。

我曾看到有很多学生使用从网上找到的音乐或图片，却并不认为这是在使用别人的资产，也不担心所有权问题。很多学生认为版权法的应用与学校中抄袭规则的应用是一样的——只要你注明引用资料的来源就可以放心地使用了，他们甚至认为这种行为是对创作者的赞赏。有些创造者可能确实同意他们的看法，但是依据现行的版权法，这是不正确的行为。孩子的家长如果在数字作品中使用一些受版权保护的素材，包括音乐、视频和图片，就可能会面临那些热衷于保护自己知识产权的公司的刑事诉讼。

版权规则已经进行了修改，你可以在下面的网站中查看现行版权规则：

http://www.ipo.gov.uk/types/copy.htm

最近几年，越来越多热衷于利用万维网精神①的用户创造了所谓的"创作共用"许可证，使创作者允许公众分享和使用其所创作的作品。现在存在6种不同的许可证，这些许可证的核心都是所有用户必须承认创作者是该作品的原创人，创作者能够选择是否让其他人分享、编辑其作品或利用自己的作品获利。

互联网确实向所有的用户提供了一个指尖下的庞大图书馆，产生了多种多样的媒体，使孩子们在完成学校的家庭作业后，能够与自己的朋友和老师进行交流和协作。同时，这对学生来说也是一种诱惑，有些人只想把网络上的东西简单地剪切和粘贴，之后就假装这是自己完成的作品。在温彻斯特大学进行的关于剽窃的研究表明，发现剽窃的方法除了老师利用专业知识发现其写作风格不一致外，现在更多的是利用软件，如Turnitin®。这些软件能够发现哪些素材是从互联网上抄袭的，哪些素材是从其他论文中复制的。学习和教学小组倡导这类软件的使用，目的是让学生们明白什么属于剽窃，而不仅仅是为了惩罚剽窃行为。学生们也要知道，如果他们不断地抄袭别人的作品，那么他们将会被要求退学——虽然他们已经付了学费。

我一直鼓励学生使用互联网，但是希望他们能好好地利用：参考引用他们发现的材料，将相关材料进行相互对照，将他们在第一个网站上看到的东西进行更深的挖掘；从维基百科开始，但不要在这里就结束。

---

① 出于对公众利益的考虑，蒂姆·伯纳斯·李决定将万维网向大家免费开放。

音乐及电影：使用正版远离病毒

你可能已经注意到，像英国"主人之声"这样的唱片店已经消失了，因为下载已经成为大家的"常规做法"。现在大多数孩子都有MP3，仅2012年一年的下载量就超过10亿。《2012年CHILDWISE监测报告》显示，有超过一半的儿童在观看下载的盗版电影，而这些电影往往还没有在电影院下线。

一定要注意，在两台及两台以上计算机之间共享文件是一种违法行为，同时也加大了携带病毒、木马程序、间谍程序以及自动执行程序的风险。虽然通过用杀毒软件对所有的下载文件进行扫描可以降低风险，但是杀毒软件并不能排除全部的风险，因此做好备份非常重要。有些人不理解——有些东西明明有免费的，为什么还要花钱去买付费的？而有些人认为付费的东西更可靠，携带病毒的风险更小；还有些人认为自己之所以付费，是表示对创作者及艺术家们的支持和赞许。CHILDWISE预期，预付卡的广泛应用有望鼓励更多的正版下载，而且他们已经注意到在过去的四五年间，人们对正版下载的网站访问量正在增加。

大约三分之一的孩子是在自己的朋友那里寻找自己所需的软件。研究表明，通常男孩比女孩更愿意支付购买新软件的费用。父母应该注意"三振出局"规则，即对非法下载的警告会告知家长，如果接到第三次警告，那么家长将会被带到法庭。孩子当然也要注意父母的行为，所以，无论是在现实生活中，还是在网络空间，父母都要为孩子树立传统文化和道德上的榜样。否则，孩子就会按照你的行为做事，而不是按照你告诉他们的去做，并且认为这没什么，因为我可以这么做，并且大家都在这么做。对于盒式磁带，我们也曾有过类似的辩论！对孩子说"不可以这么做""你会被抓并受到惩罚"，没有任何意义，因为他们知道这样的概率非常低，所以这样的说辞不会起到任何作用。相反，和他们好好谈论一下价值观，并告诉他们电影人和音乐人要想制作新的电影和音乐也需要钱，这样说或许会更有效。

合法的下载资源有：

- http://www.childnet.com/resources/downloading/home/

- http://www.findanyfilm.com (legal film downloads)

- http://pro-music.org (legal downloads)

- http://www.thecontentmap.com (lists of legal sites)

- iTunes: https://itunes.apple.com (music and app downloads)

- DoubleTwist: http://www.doubletwist.com (Android equivalentto iTunes)

- Tunechecker: http://www.tunechecker.com (provided by www.moneysavingexpert.com)

病毒的危害及预防

对于使用互联网的人来说，经常会遇到的一个麻烦就是电脑染上了病毒。恶意软件一旦接管了你的电脑，就会损坏电脑中存储的数据、引起电脑运行缓慢或者将电脑中的文件与黑客共享，其中包括个人联系方式及详细的银行资料。随着昂贵的手机变得更高级、更精密，手机处于开机状态的时间也越来越长，因此你需要知道你该怎么做才能更好地保护手机上的资料。

下面有一些常用技巧，可以保护你和家人远离病毒及其他麻烦：

- 确保你的设备设有密码和个人识别码的保护。

- 安装杀毒软件。我在笔记本电脑和手机上都安装了AVG杀毒软件的免费版本，它还能提供防盗窃保护。

- 不要打开通过电子邮件、短信或社交媒体信息发送过来的文件，除非你确信它是合法的。否则，你需要和发送者核实发送来的文件到底是什么。

- 经常备份你的文件，既可以做"云"备份，也可以备份到移动硬盘中。

- 在下载应用程序前，研究一下你要下载的应用，并查看其他人的应用体验，看看他们是怎么评价的。

- 在咖啡店等地使用不加密的Wi-Fi时要特别小心。留心所有需要密码的服务，特别是银行密码。

- 记下你手机的国际移动电话设备识别码（IMEI），以备手机丢失时使用。

- 如果你要把你的电子设备卖给别人，要确保你删除了所有数据，并将设备恢复到出厂设置。如果你不知道怎么做，那么你可以在谷歌搜索"恢复出厂设置"，搜索时最好能加上你的手机型号。

第12章 健康工程：身体是关乎孩子一辈子的事

每一种新技术的出现都会极大地改变我们的工作和娱乐方式，随之而来的就是身体和心理上的各种担忧。本章我们将要探讨一些这样的问题，包括合理安排你的工作场所、在网络查询那些"让人躲躲闪闪，不好意思开口"的健康信息、大脑的变化、网瘾、会话能力等问题，以及在这个需要成天面对屏幕的时代，如何抽出时间来锻炼身体。

科学的环境布置有利于孩子健康

请回答有关计算机所在区域的布置安排的一些问题：

座椅：

- 你是否靠着椅子坐姿良好？

- 座位的靠背是否调节良好且能够支撑你的后背?

- 你的座位大小是否能支撑你的臀部和大腿?

- 你的脚是否舒服地放在地板上或脚凳上?

- 如果有扶手的话,那么你的胳膊放在座椅扶手上是否感到舒适?

- 你向前拉桌子或键盘时,能否做到不碰座椅扶手?

键盘和鼠标

- 你能否很容易地够到你的键盘?

- 你的鼠标是否离你和键盘很近?

- 键盘最常用的区域是否就放在你的正前方?

- 你是否考察和研究过人体工学的键盘和鼠标?

电脑屏幕和文件

- 你是否端坐在屏幕正前方,而不是歪向一边?

- 当你浏览显示器时会在屏幕上看到眩光吗?

- 当你看显示屏时只需视线轻微地向下,而不需要抬高或降低下巴吗?

- 屏幕与你是否有至少一臂的距离?

- 放置你正在使用的文件的文件架,是在显示器和键盘之间还是更靠近显示器?

在电脑桌前的工作姿势也是影响身体健康的重要因素，因为长时间看屏幕会引起视力问题以及潜在的脑损伤问题。下面我们就来介绍如何解决这些问题：首先，要核对上面给出的指导意见，确保电脑桌放置合理；其次，要定期站起来伸展一下自己的身体。

关于视力问题，盯着屏幕的时间太长，有可能会造成眼睛的过度疲劳，所以应该经常休息一下眼睛。有人称之为"20—20—10"规则，即每20分钟，用户应该将眼睛从电脑屏幕上移开，观看6米以外的物体，保持注视远方10秒钟以上。年龄越小，电脑的使用时间就应该越短。要保证每个显示屏后都有背光，而不是处在一个漆黑的房间里。桑福德眼科专家杰弗里·塔夫蒂医生说："当你集中注意力在一个近处的物体，如iPad、书籍或iPhone时，那么你就很少会眨眼。当你很少眨眼时，你的眼睛就容易干涩，而当眼睛干涩时，眼睛就会疲劳并有灼烧感。"

如果你的孩子患有视力疲劳症，塔夫蒂建议："每15分钟左右就让他们休息一下，停止观看iPad。将平板电脑关闭，让他们做一些无须关注一臂距离以内的事物的事情。"同时，他还指出，没有证据显示使用平板电脑或者智能手机就会导致永久的视力问题。不要忘了，它们也是非常好的学习工具。

虽然目前尚未证明脑癌和手机使用之间有什么联系，但是进一步的研究仍在继续。在此期间，尽量使用短信而少打电话，使通话时间尽量缩短，并使用免提，这样手机就能离你的身体远一些。

练习：看看电脑放置的位置，按照上面的布置建议制定一个家庭公约，

让家人在使用数字设备时能够遵循"20—20—10"规则。

网络不是解决尴尬问题的最佳选择

青少年不太愿意和父母、老师甚至朋友谈他们思想及身体正在发生的变化，因此他们需要从别的渠道搜寻他们想要的信息。以前，孩子们获得这些信息往往是通过杂志、书籍或电视节目。对于现在的孩子来说，网络变得触手可及，因此网络成为他们解决困难或尴尬问题的第一选择。虽然他们看到其他人也存在类似问题，会让他们觉得不那么孤单，但是英国医疗服务体系（NPS）网站上的信息表明，这种行为有可能会产生新的问题：

一个15岁的女孩决定节食减肥，但是不久却发现自己开始暴饮暴食。她很惭愧，并且担心这会对她的体重产生影响。于是她在网络上寻求帮助，却发现了一个支持暴饮暴食的网站。

一个53岁的男人正面临着公司裁员，他想知道即将失去工作和收入的他该怎么办，但他羞于和自己的妻子或家庭医生谈论此事，因此他进入一个对患有抑郁症的人开放的论坛。他没有找到他想要的支持和帮助，却找到了一些侵犯性的互动和自我伤害的描述。

在支持暴饮暴食的网站，那些患有暴食症的人们拒绝承认这是一种病，他们非但不愿积极治疗还会相互交流一些技巧，教导大家如何成为食欲更好的人。最近，这类网站还有所增加。在这些网站中，用户可以发表他们关于饮食失调、节食、抑郁症、药物滥用、酗酒、性病、孤独、欺凌、自残、自杀症等的图片及感受，并分享关于这些病症或问题的信息。虽然网络可能会成为一个提供援助的环境，但是也会经常包含一些负面信息，如促进或鼓励自我伤害，上传拍摄涉及隐私的影像并将其公之于众。

瑞秋·奥康纳博士是这个领域的互联网安全专家，她指出很多组织一直不愿建立在线健康网站，所以只能由其他网站来填补这一空白。这其中潜伏着巨大的风险，因为很多网站是不受监管限制的，所以上面的信息也不会受到监控，更没有相关人员来管理不负责任的回复。据报道，2012年在11岁到16岁的欧洲孩子中，约有10%的孩子浏览过支持厌食的网站。而14岁到16岁的女孩阅读过相关网站资料的比例更高，达到五分之一。有7%的年轻人看到过提倡自残的网站，还有5%的年轻人看到过怂恿自杀的网站。当然，也不要因此就认为孩子访问的网站都是有伤害性的，或者他们会按照在这些网站上看到的内容采取行动。只要你能寻找机会，和孩子们开诚布公地讨论一下他们想要从网上寻找什么即可。

莱格·贝利在对年轻人爱欲化的评论中，呼吁互联网服务供应商屏蔽那些鼓励伤害性行为的网站。但拜伦在2010年的评论中表达了对此举的担忧，她认为这有可能会促使那些脆弱的年轻人去访问那些危险性更高、更隐蔽、更无名的网站。而这些行为又会增加一些耻辱的烙印，甚至使一些伤害性行为对有些人产生更大的吸引力，而在大众网站保留这些信息和访问记录，既能使相关组织做出更合理的帮助指导，又能将数据收集起来，从而制定更强有力的政策，并提供能满足脆弱年轻人需求的网络资源。

如果女儿喜欢在网络上发布自己的照片，那么家长是需要重点监督的。十几岁的女孩通常会精挑细选，晒出一些自己最满意的照片或使用Photoshop修图。她们会不断地通过手机"自拍"来检查自己的容颜，并希望别人能对其在脸书上发布的所有照片给出正面评价。青春期的女孩乐此不疲地相互评论彼此的外貌，并以这样的评论来衡量她们的友谊、自我形象乃至基本的自我价值。家长应该有目的地就这个话题进行公开对话，不要让孩子用她们的外表来定义自己的价值。在青春期，这很可能是个棘手的问题，因为青春期的孩子显然更在乎同龄人的看法，而不是父母所说的，因此你可以求助一个他们认为"更酷的人"——年龄大些的哥哥、姐姐或阿姨，因为他们可能更愿意听这个人的话，还可以鼓励他们所在的团队干部针对这个话题组织一次公开的团队讨论。

一些值得收藏的有价值的网站：

- http://getconnected.org.uk (directory of sites)

- http://embarrassingbodieskids.channe14.com

- http://www.bigwhitewall.com/

- http://www.b-eat.co.uk

- http://www.youngminds.org.uk

- http://www.childline.org.uk/explore/Pages/Explore.aspx

- http://youthaccess.org.uk

- http://camh.org.uk

● http://www.nhs.uk/nhsdirect/Pages/Symptoms.aspx

● Find a therapist: http://www.itsgoodtotalk.org.uk/therapists/;

　http://www.newsavoydirectory.org

数字媒体真的能让大脑改变吗

媒体一直在提及这样一个"事实"——数字媒体正在改变儿童的大脑纹路。记者尼古拉斯·卡尔的书《浅析：互联网如何毒化了我们的大脑》，在书中他讨论了大脑发生的变化，在儿童时期他自己也曾着迷于书籍曲折奇幻的情节，但是现在却置身于大脑急于了解的数据之中，当他敲击键盘时再也"不能集中精神"。如果说他的旧电脑把他变成一个文字处理器，那么新机器则把他变成一台高速运转的数据处理器。毫无疑问，科技一定会改变我们的实践，但是众所周知，我是一个"杂学的人"，一本好书或一部好电影，甚至是写作过程，都能够吸引我若干小时，所以他的论点并不能让我信服。

新闻报道曾经大力宣扬这个观点，认为互联网正在改变我们的大脑，特别是向坏的方面。在2012年皮尤"超连通"调查中，很多专家曾强调我们进行的各种活动将影响我们的大脑功能及思维方式，但这并不会使它在本质上变坏。通信顾问史杜威·博伊德说道：

孩子们为什么能够如此迅速地适应网络社交工具，这是因为它们与人类社交的联系是一致的，大多数的社交活动都是在我们的意识下进行的。社交工具之所以被采纳是因为它们与我们的意识形态相匹配。但是它们确实能使我们的思想延伸，就像武术、钢琴演奏和羽毛球运动一样。

同时拥有博主、记者和通信学教授三重身份的杰夫·贾维斯说道，我们正在经历从文本时代向新时代的转变，虽然我们的思维方式也开始不同，但是这并不意味着我们的大脑生理机能和之前有什么不同：

在出版印刷业出现之前，信息的传递是通过口口相传、相互誊抄的方式进行的，因而在传递的过程中信息往往会发生改变，那时还没有所有权和作者身份等意识。在长达5个世纪的古藤堡时代，文本决定了我们如何看待世界：连续的情节以及优雅的开始和明确的结局；永恒不变的；著作的。现在，我们走过了这样的文本时代，而这可能对我们如何看待世界产生很大影响。这可能会影响我们如何思考，但是这不会改变我们的大脑结构。

你的孩子有网瘾吗

2013年1月，两个加利福尼亚的女孩因为太想在晚上10点后上网，所以她们给父母的奶昔投毒。2013年4月，报纸上铺天盖地全是关于一些4岁的孩子由于过度沉溺于iPad、电脑游戏以及其他数字科技，以至于他们需要医生的治疗；而只有让他们脱离数字科技，才能让他们摆脱对数字产品的沉迷的报道。还有一个所有报纸都十分关注的案例——在伦敦卡比欧·南丁格尔医院，为了治疗"网瘾"的患者，理查德·格雷厄姆医生制定了一个为期28天的"数码排毒"方案，而这个治疗方案的收费竟然高达16 000英镑。

欧盟儿童在线项目发现，几乎一半参与调查的孩子都愿意把自己形容为数码沉溺者。从很多方面来说，这个词似乎被视为一种"荣誉勋章"。调查还发现，其实只有10%的孩子表现出真正有网瘾的迹象。如果你的孩子过度沉迷于网络，而且还因此影响了他们的心情，那么就需要做进一步的调查。

> 游戏如此令人上瘾，他们一旦开始玩游戏，无论是教育性的还是其他方面的，他们就只想着游戏，其他什么都不想干。关于什么时间上网、多长时间上一次网，我们都设定了明确的界限，否则就会受到风险的不断烦扰。有时真的感觉如果完全不让孩子使用数字技术，教育起来就会更容易一些。
>
> **（家长，孩子处于 2 岁及以下、3~5 岁、6~9 岁年龄段）**

从2006年起，"网瘾"这个词就开始出现，它是指出现不断重复地、强迫性地、不受控制地使用网络的情况。2012年，它被定义为一种正式的障碍，临床症状和其他成瘾的病症类似，但是此症的起因仍需要更广泛的调研，且绝非数字科技一个因素而已。一些青少年看到朋友和父母如此依恋数码设备，他们会对此感到很沮丧，希望朋友和家人能更多地关心陪在他们身边的人。数码顾问安东尼·梅菲尔德指出，我们喜欢装作我们被数码设备束缚的样子，"哦，我必须打个电话"，但是数码设备却不在乎我们做什么，就如我在《遇见这样的我》中叙述的那样，当我们家拥有第一台电视机时，我对所有的电视节目都很着迷。

有时轻微的痴迷对你掌握一种新的媒体工具是很有帮助的，但是之后你需要使它能够发挥作用，使之与你在生活中想要做的一切更加融洽。

上瘾的一些主要迹象有：

- 这项活动成为这个人生命中最重要的事情。

- 心情随着这项活动起伏不定。

- 为了追求最初的感觉，不断提高做该活动的强度。

- 当停止该活动时就会出现脱瘾症状，如焦虑、抑郁。

- 与社交圈中最亲密的人不断发生矛盾。

- 在经过一段时间的控制后仍有再进行该活动的倾向。

- 接受"沉没成本"这样的谬论。沉没成本，是指因陷入某件事情而花费了太多时间，所以不愿放弃这件事情。

《网络一代》的作者顿·斯考特指出，在1998年人们不会讲读书成瘾，而是使用更加积极的词汇——如饥似渴，来形容那些将时间都花在读书这个爱好上的孩子，然而当谈到计算机时就会一直使用"成瘾"这个词。当孩子们花些时间玩电脑时，他们很可能从"有时间约束的"学业和考试压力中得到片刻休息。而孩子躲在自己的房间玩电脑则可以躲避父母的婚姻冲突、唠叨不满或者逃避做些家务杂活，如照顾弟弟、妹妹等。

你仍认为你的孩子存在这样的问题吗？不要惊慌，坐下来和他们谈一谈你的担忧。如果你想知道对你的孩子来说什么事是"正常的"，那么你可以和他朋友圈内的其他父母或老师交流一下意见。如果有必要，还可以找一些限制上网时间的软件，如ENUFF。如果这样也不行的话，就该考虑请精神科医生了，但是获取他们帮助的最好方法是通过你的家庭医生。在治疗过程中，不但要确保治疗是一个孩子接着一个孩子单独进行的，而且要确保孩子不会受到其他孩子的歧视。

对学校的作业有影响吗？

即使你的孩子并没有真的上瘾，限制他们的上网时间依然是个明智的选择。家人对这点都表示同意吗？最晚到几点可以接受？孩子们自己的房间里有数码设备吗？他们是否一整夜都能听到"哔哔"的短信提示音，或者能看到电池充电器上一闪一闪的指示灯？美国国家睡眠基金会（NSF）的几个医生说，在不关闭数字设备或睡觉前暴露在人工照明的环境中时，会使人提高警觉并抑制必要的促进睡眠的激素——褪黑激素的释放。美国国家睡眠基金会的一项研究强调，在接受调查的人中，有约95%的人承认他们会在睡前一小时使用某种电子设备，有三分之二的人承认他们在一个工作周内睡眠并不充足。

问卷受访者为避免网瘾而强制实施的一些限制措施有：

不允许孩子在晚上7点以后及上学前玩游戏或使用电脑。

（家长，孩子处于 10~12 岁年龄段）

放学回来后手机就要放到书架上，晚饭后，只要完成作业，就会把手机还给他们，让他们玩1个小时。这条规定一直在执行，但有时执行得不太好！

（家长，孩子处于 6~9 岁、13~15 岁年龄段）

通常我们会在晚上10点30分把路由器关掉，这样做有利于将大家聚集到一起。其他的措施还包括：定期围坐在茶几旁进行讨论；安装网站监控软件。

（家长，孩子处于 13~15 岁、16~18 岁、19 岁及以上年龄段）

老师们常说睡眠不足会影响第二天的学习，因此要好好琢磨你们家的数字设备使用协议。既要能保证睡眠时间，又要能限制数字设备的使用时间，还要能够区分使用计算机和网络的两种目的——为了完成作业，还是为了放松休闲。神经系统学家霍华德·琼斯博士指出："大多数父母都不赞成自己的孩子午夜时分还站在门前的台阶上和朋友聊天，但是深夜在被窝里使用手机是个更糟糕的问题。"澳大利亚儿童睡眠专家西顿希望学校能够注意他们所留的作业量，从而保证孩子不会把所有的时间都花在屏幕上。

你的孩子是"电脑迷"吗

2010年CHILDWISE《数字生活报告》对热衷于互联网的用户进行了采访。报告指出，所有接受采访的孩子都有广泛的其他兴趣，包括与朋友、家人共度时光，购物和进行户外活动。《2013年CHILDWISE报告》显示，除了学校的必修课外，84%的儿童仍会坚持运动，每周的运动时间平均为3小时，但在学校的运动时间最高只能达到2个半小时。我们需要知道，就现在而言，电脑时间和户外时间已经不再是非此即彼的对立关系——已经有这样的移动设备可以做到两者兼顾。涉及数字设备的户外活动包括：地理寻宝游戏https://www.geocaching. Com（使用GPS搜寻数字宝藏），或者了解你所在地区的"野生生物"http://www.projectwildthing.com/#app，该游戏利用地理定位使孩子回归自然或者通过阅读激发孩子的想象力，例如在去动物园观看大象之前先阅读描述大象的文字，使孩子据此对大象进行想象。因此在指责数字科技之前，先要想一想问题可能涉及的其他因素还有哪些。

他花了很多时间和虚拟的人互动，而不是与现实生活中的人打交道，他用于户外锻炼和呼吸新鲜空气的时间非常少，当然我承认这可能与他自己的性格也有一定的关系，而不仅仅是因为数字科技。

（家长，孩子处于 16~18 岁、19 岁及以上年龄段）

2013年，来自爱丁堡大学的莉迪亚·普洛曼教授对我们正在培育一代"电脑迷"的观点提出了质疑：

很多人认为，只要科技主导了孩子的生活就意味着他们将得不到充足的锻炼，或者没有充足的玩耍时间。人们都说科技的影响无处不在，但是我们的研究表明，科技对这代孩子日常生活的影响并没有人们所说的那么大。

普洛曼教授的这段话被《苏格兰人报》中的一篇文章所引用，这篇文章强调一切都要讲究平衡，有些孩子可能只要得到一些鼓励就会接纳外面的世界。

数字时代的多任务处理与会话交流

到11岁后，大多数孩子每天上网的时间都会超过2小时。那些较小的孩子访问网络往往是受某种特定活动的驱使，而稍大一些的孩子则经常会同时打开几个在线资源，以它们为背景同时处理多项任务。较小的孩子往往更愿意分享他们的数字设备，更愿意玩各种比较耗费时间的活动。虽然我们经常把"同时处理多任务"作为一种新现象用来描述"千禧一代"，但来自迈阿密大学的吉娜·马兰托认为，同时处理多种信息并不是什么新现象，她说："我的父亲是一名企业编辑，在同时使用电脑、手机或iPad之前，他就能同时看电视、读杂志和听收音机。"

利文斯通教授定义了两种不同的多任务处理：

- 助益性的：同时打开即时通信软件、音乐播放器和搜索引擎，这些都对他们正在进行的工作有所帮助。

- 分散注意力的：学习的同时观看电视、视频或玩电子游戏，会将他们的注意力从学习上移开。

会话能力

在20世纪90年代，人们往往将青少年使用互联网与社交孤立联系在一起。由此产生的顾虑一直延续至今，并影响着人们对此事的想法。我们能理解互联网对人际交流产生的影响以及人们对此的担心，但是早期的网站很难使用，而且如今的数字技术也已经和以前大不相同。现在大多数的孩子经常使用在线工具和他们身边的朋友进行社交活动，这和我们年轻时冲

181

进家门，一边玩游戏一边给朋友打电话的情形是一样的。

如果有人花费大量的时间和千里之外的人进行社交活动，那么你就不能说他们变得内向了。他们并没有躲避社会，而是积极地寻求社交机会。他们很可能比周围的人更积极地进行社交。

问卷受访者就他们对孩子上网有哪些担忧，给出了下面的回答：

他们自己上网花费的时间太长，主要参与一些虚拟的对话和活动，以至于他们没有足够的时间学习一些实用、积极的技能。他们甚至忘了通过写信或打电话与现实中的人进行对话的技能。

（家长，孩子处于 19 岁及以上年龄段）

他们经常在身边的人面前表现得很沉闷，愿意花时间在社交网站，而不愿意与身边的人打交道。当你试图让他们"不插电"时，就会引起他们的不满。

（家长，孩子处于 16~18 岁、19 岁及以上年龄段）

> 他们和周围的人在一起时会显得不合群，似乎游离出来。他们戴着耳机，变得沉迷于自己的私人世界。这种情况在校车上也很常见，大多数人都戴着耳机，这说明他们与其他人的真正互动非常少。
>
> （家长，孩子处于 10~12 岁年龄段）

自从20世纪70年代发明随身听以来，人们就一直担心孩子们很可能会与外界隔离开来。家长们对孩子们乘坐校车时各自戴着耳机听音乐感到很焦虑，因为家长觉得乘坐校车正是孩子们学习交流技巧的好时机，包括如何处理矛盾。而现在很多孩子出行时会选择不同的交通工具，在游乐场中度过了一年又一年，所以我们需要考虑，关于他们的社交问题真正发生改变的到底是什么？

一直以来，孩子们都会使用各种方式交流，根据不同的意图选择不同的方法。虽然在某些情况下，在能和朋友见面共度时光之前，社交媒体被视为是一种折中的办法，但是在大多数人眼中，社交媒体只是他们沟通组合的一部分，在处理严肃的事情时他们还是会选择面对面交流。快速聊天和社交安排会涉及更多的文本使用，使用起来十分方便快捷。如果涉及更复杂的事情，这些交流方式会给人以更多时间去思考该如何回应，而且还不会被别人偷听。

数字媒体最大的好处就是让人发展出一种直观的理解力，能够知道未来该以何种方式接触世界、该以何种方式与外界交流。另一个积极的作用就是：虽然孩子在身体上是独处的，但是只要他维持与朋友的接触，就能使孩子保持外向开朗的性格。

（家长，孩子处于 10~12 岁年龄段）

在《卫报》上，来自皮尤互联网调研中心的阿曼达·伦哈特用另一段话来诠释这个问题：

我们的研究表明，青少年之间面对面的交流在过去5年并没有发生多大变化，科技只是在上面加了一层外衣而已。虽然你可以找到很多研究表明网络会对人类产生负面影响，但是同样有很多研究证明网络有积极的一面。

老师和学校管理者都担心，越来越多的学龄儿童的会话能力不能达到预期的水平。对此的共识是，这并不是因为孩子花费了太多的时间玩数字产品，而是因为他们的父母在数字产品上花费了太多时间而忽略了这件事。我曾听说过几个这样的事件，要求助教为那些到了入学年龄但不具备正常交流能力的幼儿举办会话补习班，因为在这些孩子的全部生活中，家长都陷入数字科技之中而不能自拔。研究人员通过观察人们在迪士尼主题公园的言行发现，最能引起少年儿童注意的不是迪士尼变戏法似的魔术，而是他们父母的手机。他们认为手机是父母最关心的东西，而他们也想从中分得一些父母的注意。

家长网的数据显示："2岁的时候，大多数幼儿能认识20到200个单词；到了3岁，认识的单词量可以达到1 000个。"但是只有在家长的灌输下，才能取得这样的成绩。家长需要鼓励孩子去对话。语言病理学家珍妮特·菲利斯说："当孩子们入学时，老师期望他们能掌握很多的词汇。如果你的孩子在幼儿期没有打好基础，那么他可能要花些力气才能跟上班级的学习进度。"

第13章　屏幕时间：制定好电子设备使用规定

在20世纪70年代计算机刚刚问世时，它们属于精密复杂的仪器，仅限于科技类单位使用。到了八九十年代，随着政府要求在所有的教室里安装计算机，电脑公司决定对家庭市场做宣传，于是提出了这样一个理念——如果家长想为孩子提供最好的人生起点，那么为孩子准备一台电脑就是必需的。现在，同样的宣传方式也应用于最新的科技产品，如智能手机或平板电脑。

问卷受访者就他们对孩子使用电子设备是否有特殊规定，给出了如下的回复：

监控网络使用，讨论什么可以发布到博客等。我们还规定：只能在午饭后玩iPad和电子游戏，并且一次不能超过30分钟。

（家长，孩子处于3~5岁、6~9岁年龄段）

我们对各种屏幕时间都做了限定。这点在家中执行得还不错。只有完成了全部的家庭作业，才能开启屏幕时间。

（家长，孩子处于6~9岁年龄段）

我们就女儿上网可以花多长时间制定了协议，但是几乎每天晚上都要为此发生激烈的争论。有时真想就简单地屈服，然后说"想做什么你随便吧"，因为这样做最容易。

（家长，孩子处于19岁及以上年龄段）

讨论、保持良好的关系、监督使用，到目前为止似乎执行得都很好。他只能在客厅上网，而且他在访问某个网站之前都要首先征得我们的同意。

（家长，孩子处于10~12岁年龄段）

1994年进行的一项研究记录了孩子时间的分配方式。该研究指出，因为计算机的使用地点从当地图书馆改为家中，所以孩子们会在家中待更长的时间。家庭动力学并没有像所担心的那样发生改变，因为计算机的使用发生在家中。孩子们只是用玩电脑的时间代替了看电视的时间，而不是取代了其他活动。OXIS研究强调，互联网已经成为最常使用的联系方式。

管理好孩子的屏幕时间

早在1999年，美国儿科学会就主张不要让低于2岁的幼儿看电视，因为对于这个年龄段的孩子来说，最重要的是与父母和其他人进行直接的互动。我们都曾有过这样的看法，看电视、玩电脑是不好的，就如科技记者汉娜·罗森所指出的——大家之所以有这样的看法，是因为花时间看电视、玩电脑，自然就会减少其他活动的时间。但是，正如我们已经看到的，大多数孩子仍和以前一样进行着各种多姿多彩的活动。汉娜·罗森曾参加过一个开发者会议，希望能够得到有关使用带有屏幕设备的一些最新指导意见，但是她发现会议上大多数人提供的建议都和以前一样，包括：在一周的工作或学习日不能有屏幕时间、一天内的屏幕时间不能超过一个半小时、只能在较长的旅途中观看带屏幕的移动设备、不要把带屏幕的设备当作电子保姆等。只有一个人提出带有教育意义的观看理由："我只让她看西班牙语的电影。"

> 我们同意，每天的屏幕时间不能超过30分钟。而且我们从不让我们的孩子在无人监管的情况下使用互联网。
>
> **（家长，孩子处于2岁及以下、3~5岁、6~9岁年龄段）**

> 如果让自己的孩子过多地访问网络和使用数码设备，家长就会感到很有压力。我们同意这样的观点，大多数情况下，访问网络和使用数码设备是一种特殊待遇，而不是基本权利，这就形成了我们的家庭使用情况。
>
> **（家长，孩子处于6~9岁、13~15岁年龄段）**

《2012年CHILDWISE监测报告》表明：包括电视、电脑、电子游戏机和智能手机在内，大多数5岁以上的孩子每天总的屏幕时间为4~8小时。平均上网时间大约为2个半小时，这和过去四五年相比基本保持不变，但有一个数字有所上升，即同时观看两三个屏幕，而网上最花时间的活动是浏览社交网站和玩网络游戏。

位于格拉斯哥的医学研究委员会以11 000多名儿童作为研究对象，进行了一项研究，目的是探索行为问题和屏幕时间可能存在的联系。2013年3月，医学研究委员公布了他们的研究结果。"研究发现一旦将其他因素，如父母的态度和幸福感纳入考虑范畴，那么两者几乎没有什么直接的联系。"

有些父母看到孩子花很长时间上网会觉得很高兴，因为这表明孩子对某件事怀有极大的热情，这样的父母应该帮助孩子鉴别那些孩子感兴趣的网站。举例来说，我们会发现那些在网络观看足球的人很可能会走出家门并尝试亲自参与比赛。还有一些父母推荐每个家庭都制订自己的屏幕时间计划，并建议在每个月中至少要有一天不使用任何带屏幕的设备。在假期，早上10点到晚上6点为远离屏幕时间，并且在晚9点以后，卧室内不得有任何带屏幕的数码设备。2012年CHILDWISE有一个让家长感兴趣的统计数据，那就是——"那些能在自己房间内上网的孩子平均每天的上网时间为2小时，而那些在家中其他地方上网的孩子平均每天上网的时间只有1小时"。

数字技术对卧室文化的影响

如今，很多家庭至少有一台计算机，并且越来越多的家庭开始拥有多台计算机，有些家庭甚至还将其放在孩子的卧室内。随着Wi-Fi和笔记本电脑的开发，一些年幼的孩子常常会挨着父母坐在沙发上玩数字设备，而有些孩子则会待在自己的房间玩。

很多问卷受访者就家中上网的位置问题提出了建议：

到目前为止，我们对我们前面采取的措施感到很满意。家用电脑就放在楼下的办公室，当孩子们上网时，他们和屏幕都一览无遗。我们在谷歌网做了安全设置——尽管我们也知道，年龄大一点儿的孩子很容易就能更改这一设置，只要他们愿意的话！我们鼓励公开、开放，提倡对在搜索过程和聊天室中出现的东西进行讨论，并且和孩子一起探讨互联网安全问题。虽然我们不直接监督他们对网络的使用，但是对孩子在网上做了些什么还是有掌控的。

（家长，孩子处于 6~9 岁、10~12 岁年龄段）

我们估计，随着孩子们的逐渐长大，他们参与社交网络，特别是在他们的卧室内使用数字科技，将会给家长们带来更大的压力。我们不希望这样的事情发生，准备制定这样一条家庭协议——数字技术的应用只保留在楼下，而卧室则仅保留睡眠这一项功能。

（家长，孩子处于 6~9 岁、10~12 岁年龄段）

我们推荐使用以下若干准则：在孩子18岁前，限制他们在卧室内使用笔记本电脑；保持房门打开，使家里的人都能看到他们和屏幕。我们提倡与孩子进行有关网络骚扰、不当网络应用、最佳操作方式等方面的讨论。

（家长，孩子处于 13~15 岁、16~18 岁、19 岁及以上年龄段）

工业化使住宅和工作场所分离，住宅成为一家人居住的"神圣"空间。我们非常怀念过去的日子，那时随着休闲时间的增加，一家人常常会在公共场所聚在一起，一起吃饭，一起看电影，一眼就能看出那是一家人……然后电视机出现了！对很多人来说，电视机是将家人集聚在一起的黏合剂，一家人聚在一起谈论所看的电视节目。现在，我们有了电脑、有了便携式数码设备，父母和孩子可以一起查询信息，甚至在爸爸、妈妈做饭的时候，孩子都可以在厨房里玩电脑。但是，在最近几年，"外面的世界"在人们眼中似乎变得越来越危险，相应的，孩子独立接触外面的世界也受到了限制。当人们开始抱怨"卧室文化"时，也要知道这只是整个社会发生众多变化的一部分。现在家长有了更大的担忧，担心孩子们会认为他们不需要离开自己的房间，因为孩子们在他们的电子产品中得到了自己想要的一切。如果家长有这样的想法，那么他们首先需要了解有关孩子离线关系的问题。

该让孩子远离数字技术吗

　　问卷受访者就他们对于数字科技有哪些恐惧，他们为此采取了哪些措施，给出了下面的回答：

他们有一种倾向，更想参与到网络群体而不是自己身处的真实群体中，比如身边的家人。

（家长，孩子处于 13~15 岁、16~18 岁年龄段）

我们经常出去度假，并且很少携带移动网络设备，在家庭假期，我们杜绝一切外界联络！这有助于我们保持对事物的洞察力并最终达成一致。

（家长，孩子处于 16~18 岁年龄段）

数字科技已经渗透到我们生活的方方面面，无论是对于青少年还是成人，无论是休闲还是工作，暂时停止使用数字技术都是件很困难的事。《一起孤单》一书的作者雪莉·特克教授认为，数字媒体会影响我们不受干扰、全心全意地彼此关注，会影响充分了解我们自己所思所想的能力。她声称不间断地保持开机状态、连续地使用数字设备，不但会导致与他人关系的中断，而且会增加精神压力。一次，在和一些18岁孩子的谈话中，她问他们最后一次没有被数字技术干扰是在什么时候？孩子们没有回答她的问题，却对她将数字技术当作干扰提出了质疑。他们认为，数字媒体不是干扰，而是联络的开始。研究表明有些青少年也希望能够拔掉电源，离开数字设备，特别是当他们感到他们的在线交流受到严密监控的时候。有相当多的青少年，因为他们自己在"数字空间"投入了大量的时间而感到非常不安，如果父母由于担心而不敢让他们独自走出家门，那就会进一步加重他们的焦虑。

有些人尝试使用极端的脱瘾方法。苏珊·莫沙特是《每日邮报》的撰稿人，对全家人实行了6个月的"技术封锁"。她把这种做法当成是一种增强自我意识的训练，而不是作为长期的战略来实施。科技记者保罗·米勒断绝互联网1年，但他却发现，当最初的"自由"感退去之后，他染上了一些其他的陋习。他忽略了自己的职责和朋友，任由灰尘覆盖他的健身器材，他再也不能将乏味无聊转换为创作力，只是坐着，什么也不干。《边缘》杂志中有篇文章对米勒事件做了分析，一旦再次启用互联网，由于消息灵通，他就能更好地了解科技，从而做出更明智的选择。

数字技术对阅读能力的影响

随着平板电脑和电子阅读器的发展，一场关于阅读质量和数量的辩论开始了。《2012年CHILDWISE报告》指出，30%的人是为了消遣娱乐而阅读，与之相对的是有17%的人从来不是为了消遣而阅读。此外，相较于纸质印刷书籍，14%的男孩和11%的女孩更喜欢读电子书。

孩子到了七八岁，就会成为自信、稳定的读者，但是还比不上那些年纪稍大的孩子，因为他们已经对传统书籍确立了根深蒂固的熟悉感。

随着技术的进步，如流动文本及全彩背景的开发，电子阅读器有着更为诱人的前景，特别是对那些11岁以上的孩子。儿童小说出版商——热点图书的总经理莎拉·奥德蒂娜说：

人们完全有可能更习惯在屏幕上阅读而不是读纸质书籍，我认为这并没有什么不妥，因为人们还在阅读。

神经系统科学家格林菲德男爵夫人赞同英国国家文教信托（NLT）的观点，"并没有确凿的证据证明人们的阅读水平正在下降"，因为在屏幕上阅读和通过书本阅读一样都是好的。英国国家文教信托主管乔纳森·道格拉斯还补充了一点：儿童对数字阅读的增长对出版商而言是一个机遇，而不是警告信号。他说道，随着运用数字方式阅读的儿童越来越多，儿童市场的发展模式与成人市场的发展模式变得越来越一样。他还说："学识造诣和阅读方式之间存在明显联系，而那些在印刷书籍和电子书籍之间采取平衡阅读的孩子能够在文教素养上达到一个更高的水平。"

汉娜·罗森对纸质书籍从本质上就比电子书更好的观点提出了质疑。她看到的情况是，她的女儿以读书为借口来逃避社交互动，而她的儿子则使用任天堂电子游戏机和朋友们保持联系。

据反映，一些家长对待数字技术和对待其他玩具一样，把它们都扔进一个玩具篮里，孩子们在篮子里选择什么就可以玩什么。开始的几周，他们会花几个小时玩这些数字设备，就像他们对待任何其他玩具一样。之后，这些数字设备就不再会出现在选择范围中，就像其他玩具的命运一样，甚至被遗忘。

有效的措施包括，鼓励孩子将他们的媒体应用视作他们众多丰富多彩活动中的一部分。我的一个朋友有一罐子雪糕棒，每个雪糕棒上都写了一种不同的活动，其中有些是和屏幕相关的，有些是和屏幕无关的。她曾在脸书上分享了一则趣事，让我捧腹大笑，就是她们家中的某个人从罐子中抽出了一个签，上面写着"清扫客厅"。

第14章　电子游戏：合理利用化弊为利

　　除了《吃豆人》《俄罗斯方块》《愤怒的小鸟》和《糖果粉碎传奇》之外，我没玩过任何游戏。据统计，在2011年英国在视频软件操控平台的消费金额高达13.5亿英镑。虽然有越来越多的女孩也开始在各种应用上玩电子游戏，但是男孩们对此的热情更高。仅2011年圣诞节一天，《愤怒的小鸟》的下载次数就达到了65亿次，有成千上万的人在脸书上玩游戏，如《城市小镇》和《糖果粉碎传奇》。游戏化是指将游戏原则应用到学习之中。虽然游戏是人们最少进行研究的数字领域之一，但是游戏化这个词儿已经在教育领域大受欢迎并取得一定成功。人们已经意识到孩子用这种方式可以学得更快，不仅是因为他们学得很快乐，还因为他们能全身心地投入所做的事情当中。

家庭作业是在网上完成的，使用如《我的数学》这样的软件，学生计算得是否准确就能得到即时回馈。《雷顿教授》是一款非常棒的游戏，既能够启发孩子的阅读、破解谜题，又能让孩子较长时间地集中注意力。YouTube上那些关于《妈妈不让你在厨房做的实验》《慢吞吞的莫氏一家人》等视频让科学变得生动有趣，而学校里的科学则只是在答题板上填写答案而已，从来不需要学生动手操作。

（家长，孩子处于 10~12 岁、13~15 岁年龄段）

你可能会记得这些最受孩子欢迎的游戏：《摩西怪兽》《企鹅俱乐部》《Bin Weevils》《MyCBBC》《开心农场》《哈宝旅馆》《明星派》《BuildaBearville》《魔兽世界》《江湖》以及《尼奥宠物》。像《荣誉勋章》这样的游戏容易让家长感到担心，因为这种大型多人在线游戏会带给玩家身临其境的感觉，所以玩游戏的人很可能想与他们所扮演的团体的政治目标达到高度一致，比如说塔利班。而这款游戏的开发商艺电公司（EA）从2013年1月就开始收回这款游戏，因为它卖得不如EA公司的其他畅销产品好。值得注意的是，虽然这款游戏也做了大量宣传，但是它的退市主要还是由于糟糕的销售业绩，所以可以让你的钱包和游戏开发商对话。如果你的孩子也在玩一些这样的游戏，就要像下面这些父母们一样，和他们好好谈谈游戏限制的问题：

最近我们对《我的世界》这个游戏做了些限制，一位其他孩子的家长也很高兴地告诉我们，她赞成我们对此进行限制。我从来没想过在自己家设定限制会影响到其他家庭，我只知道我们不希望自己的孩子像以前那样玩过多的游戏。

（家长，孩子处于6~9岁、10~12岁、13~15岁年龄段）

一些问卷受访者提出了一些孩子玩游戏的好处：

我们的孩子发展出了一种能和许多校园以外的不同朋友从容打交道的能力。他们在《我的世界》这款游戏中分享兴趣爱好，这使我的小儿子能够和澳大利亚的一个男孩通过在线游戏来保持联系。

（家长，孩子处于10~12岁、13~15岁年龄段）

我们的儿子十几岁，和他的朋友们通过一款游戏——《我的世界》来保持互动，这有好的一面，同时我也担心这种方式会不会太浪费时间。

（家长，孩子处于6~9岁、10~12岁、13~15岁年龄段）

下面就不同类型的游戏，我尝试着总结一下教育研究所对网站管理员提供的指导意见：

- **三维（3D）虚拟世界**，如《虚拟人生》，用户可以利用3D形象在其提供的虚拟空间中互动。他们既可以处于真实的世界，也可以置身于想象的环境。

- **网页在线游戏**，通常是一些休闲类的小游戏，每个阶段游戏时间的设计都相对较短，和其他玩家的互动也很有限，但是会提供一些奖励，以鼓励玩家继续参与。脸书上的《糖果粉碎传奇》就属于这一类型。

- **在线电脑游戏**，一般是要在网上下载或使用CD或DVD安装的，它们比网页游戏制作得更精心，对显卡要求也较高，和其他用户也会有更多的游戏内互动。

- **家用在线游戏**，是在以电视为基础的操控平台、掌上电脑或其他移动设备上进行的游戏，这些设备都能提供在线服务，将操控平台的用户都联结起来，如微软游戏机Xbox Live。玩家能够联系其他具有相近能力或相同语言的玩家一起玩，并且能不断联结社交网络。

- **多人游戏**，可以在任何平台上进行，通常几个玩家会在某一局游戏中联结在一起。例如玩在线运动竞技类游戏时，可能一个玩家会和其他真人玩家进行比赛，而不是与那些由电脑或操控平台控制的模拟对手进行PK。

- **大型多人在线游戏（MMOG）**，如《魔兽世界》，创建了一个行进的世界。玩家创造了一个角色，并期望利用这个角色和许多其他玩家一起在游戏中玩长达数月的时间。

　　练习：研究一下各种可能会玩的游戏，然后讨论从中可以收获什么，在玩这些游戏时需要注意什么？

寻找适龄游戏

　　1998年，作为游戏评级系统的泛欧洲游戏信息组织（PEGI）成立。虽然大多数家长只是将规则、评级系统作为指导原则而不是绝对标准，但是对游戏进行评级还是能帮助他们做出更合理的选择。

> 　　我们在某些方面要求很严格，如电影、游戏要按年龄评级，但是我们确信孩子们在上网时会保持理性。虽然他们也会抱怨不公平，但还是会经常询问他们是否可以访问某个网站，他们尊重我们的决定。
>
> 　　　　　　　　　　　（家长，孩子处于 10~12 岁年龄段）

　　《2008拜伦评论》非常希望家长能够清楚孩子们所玩游戏的风险，并做到消息灵通且信心十足。那些见多识广的家长的意见有助于推动产业投资，有助于在开发安全的儿童电子游戏领域不断有所创新。

他们看到的有关暴力及性的图像要比我们几年前看到的多很多。虽然我们一直努力使他们接触一些适龄的游戏，但是他们玩的很多游戏还是包含一些厮杀和辱骂的内容。现在我们已经无法监管孩子对电子设备的使用，因为他们的技能和熟练程度已经远远超过了我们。

（家长，孩子处于 16~18 岁、19 岁及以上年龄段）

很明显，游戏是针对不同性别开发设计的。女孩的游戏往往是粉色或紫色的，主题一般与穿衣打扮、名人偶像和动物宠物有关，而男孩的游戏更倾向于选择蓝色，主题往往与运动竞技、动作战斗、赛车驾驶有关。孩子们很容易就能找到自己想要的游戏，经常能从朋友或表/堂兄弟姐妹那里听到，或者直接在Google上搜索就可以了。

选择适龄游戏的帮助文档：

- http://www.pegi.info/, including this brief guide:http://www.pegi.info/en/indexid/media/pdf/241.pdf
- http://www.commonsensemedia.org/game-reviews

游戏的好处

"One-Click-Safety" 系列的发明者肖恩·玛丽·艾金顿说，在脸书这类网站可以发现那些更喜欢社交的孩子，而那些不太善于社交的孩子更容易转移到游戏上面。但是《2012年CHILDWISE报告》中的证据却显示，和他人一同打游戏以及通过游戏内置手段与朋友聊天，是游戏操作平台上最受欢迎的活动，因为孩子能够尝试他们在"现实"中做不到的事情。记者帕梅拉·惠特比发现，和其他孩子相比，平均每天玩2个小时游戏的孩子有更广泛的朋友圈、做更多的体育锻炼和更多的家庭作业。但是数据还显示，如果每天花更长的时间玩游戏，不但不利于孩子身体健康，而且还容易陷入社交孤立。

拜伦，《孩子们呼吁证明》，2008

　　我喜欢玩在线电子游戏的一个重要原因，就是我能和世界各地的人们发生互动并结为朋友。大多数在线游戏都有一群玩家，大家协力合作来达到各种目标，这有利于发展人的团队精神和领导技能。有时大家玩游戏仅仅为了在这个过程中进行社交活动，我的一些最好的朋友就是网络好友。

　　我玩电子游戏的理由和我看电影或电视的理由一样，是为了寻找一个逃离现实的机会，沉浸在有趣、吸引人或令人感到兴奋的故事情节中。

　　就像对待孩子们会参与的其他所有活动一样，对他们想要玩的游戏也要做些研究，不要认定游戏本身就是恶的。在玩游戏的过程中也能发展出特殊的技能，包括解决复杂问题的能力、协作、快速反应以及学习如何设置个性化游戏，如通过设计新层级对游戏进行自定义。

研发人员会在游戏中嵌入一些技巧、秘诀、捷径和陷阱供玩家搜寻或通过朋友来了解。"游戏开始向模拟复杂真实生活的方向演变，"王先生说，"但是生活不会像游戏那样，将装有说明书的盒子放在你面前。"

《太阳报》的数字编辑德里克·布朗常常和他的女儿一起玩名为《乐高城市》的游戏。玩这个游戏需要从容进行，很耗时间。

有时，她说她厌烦了这款游戏，想玩一些其他游戏。但是作为爸爸的我带有一点维多利亚时代父亲的特点，坚持要看到游戏过关。我为什么这么做呢？是这样的，我认为让一个人学会做事有始有终是非常重要的。如今的世界有太多能让人快速转移注意力的东西，如YouTube、推特、短信和黑莓信使，而有始有终的精神已经逐渐消失了。

美国犹他州的杨百翰大学研究发现，经常和爸爸一起玩电子游戏的女孩会更快乐、更健康，和父母的关系也更融洽，而且在她们青春期的时候，也很少会感到抑郁。但是这样的结果可能只是由于她们和父亲共度了快乐时光，而并不是与某种特殊的科技有关。

> 不管孩子在哪儿，和他们一起参与都是十分重要的。我听过很多有关万智牌、节拍舞步、绳索打结，还有其他各种YouTube网上带有启发性、拓展性的专题讨论，虽然我对这些一点都不感兴趣。我真正感兴趣的是HIM①。
>
> **（家长，孩子处于 10~12 岁年龄段）**

玩游戏会上瘾吗

很明显，游戏开发者着实花费了一些心思来了解人们的心理：什么会吸引人再玩一级。在这个过程中，我们生命中的若干小时，甚至是几天、几周就这么白白浪费了，同时浪费的还有大笔的金钱——很多游戏一开始是免费的，但是你要为游戏内置商品付费，而这些累加起来也是一大笔费用。科技杂志《下一代网络》提出这样一个问题：使用"上瘾"这个词是否恰当？

如果有一件事和其他事相比，更能使大家全神贯注地投入其中，我们为什么要给这件事打上耻辱的烙印？当孩子一整天都在读书时，我和爱人都会很高兴。而当他玩了一整天游戏时，我们就会不高兴。谁又能说一件事一定比另一件事更有益或更糟

---

① 来自芬兰赫尔辛基的摇滚乐队。

糕呢?

作家迈克尔·卡尔-格雷格向大家展示了游戏制造商是如何将性和暴力搭配在一起诱使用户玩游戏的。数据显示,一个游戏越能激起人们的愤慨,它卖得就越好,包括大型多人在线角色扮演类游戏,如《魔兽世界》。这些游戏没有终极目标,所以对于它们来说,只要有电脑附件以及网络虚拟世界的对话交流,就没有具体的结束时间。这些游戏都是这样设计的,它们会对那些每天在线几个小时的用户提供奖励,这就导致了一种真正的危险——"强制循环"。在亚洲,一些游戏玩家为了追求游戏目标而忽视身体发出的信号,最终导致死亡。这或许就是中国的一些父亲会雇用"游戏里的刺客"的原因吧。研究赌博和成瘾方面的专家诺丁汉特伦特大学的马克·格雷菲斯教授给出了这样的看法:

> 这对家庭关系不会造成太大的影响,我以前从没听说过有这方面的问题,并且我认为这种本末倒置的方法也不会起到多大作用。对大多数人而言,过度玩游戏通常只是一种潜藏问题的征兆。

密苏里大学的迈卡·马祖雷克博士就电子游戏对自闭症儿童的意义进行了研究。她发现患有自闭症的儿童与正常发育的儿童相比,会花更多的时间玩电子游戏,而且更容易发展成为电子游戏成瘾者或电子游戏问题者。但是也有证据表明,在这些过程中,孩子的社交技能也会有所提升,但是这些技能能否转换到游戏以外的环境中，仍需做进一步的研究。

　　与其他问题一样，对此的最好建议仍是多了解自己的孩子，什么对于他们是安全的、可以玩的，并制定一个时间限制，如工作日每天最多玩1个小时、周末每天最多玩2个小时，而且必须在完成家庭作业或家务后才能进行。如果你自身就是个游戏发烧友，那么首先要想一想你自己的行为对孩子有哪些影响，其次在孩子玩游戏之前你要先抽时间对这些游戏进行测试。对打斗游戏存在好奇、感同身受的刺激感、着迷或单纯为了娱乐都是合理和正常的，孩子在观看电视节目时可能也会感受到这些。和孩子一起玩游戏会为你提供一个机遇，使你可以鼓励他们批判性地思考自己的行为对他人会产生什么样的影响，以及自己会选择看些什么。

不同操控平台的隐私设置：

- Xbox Live: http://www.youtube.com/watch?v=NU8hr43cu4Y

- Nintendo: http://www.nintendo.com/consumer/info/en_na/parents.jsp

- Playstation: http://uk.playstation.com/psn/support/ps3/detail/
  linked235311/item435783/PlayStation-Network-Privacy-settings/

第15章 数字生活：科技让孩子的生活更美好

2012年10月，英国独立电视台ITV《今夜》节目对2 000人进行了调查，并称62%参与调查的人都认为科技使他们的生活变得更美好。1995年，托尼·布莱尔曾说过：

> 科技彻底改变了我们的工作方式，当然教育也必将发生变革。如果我们还在用昨天的技能培育孩子，那么我们的孩子将不大可能在明天的世界里有所作为。

孩子们需要获取"社会资本"，因为这将为他们提供接受教育以及工作的机会。社交网络是社会资本体系的一部分，在社交网络中，年轻人被认为是重要的有价值的贡献者。最近，《卫报》的新闻编辑伊丽莎白·芮本思给一些学生做了一次演讲，她先从不利的方面讲起，之后这样说道：

他们产生的一个强烈的想法就是，他们了解到的新闻既有坏的事情，如犯罪、吸毒等，也有好的事情，如赛事结果、考试成绩等，但是他们中的绝大多数人都不会报道那些好的事情。

问卷受访者强调，为什么对孩子来说，参与网络是非常重要的：

　　如今的工作都要求具有应用数字技术的能力，所以让数字科技伴随他们成长是很有好处的。

（家长，孩子处于6~9岁年龄段）

　　数字技术能够使他们直接访问某个领域的泰斗，使他们获取丰富的信息，还能够使他们和世界各地不同文化、不同经历的人们进行即时交流。我们的孩子受到科技的激励，他们写博客日志、阅读书籍、完成复杂的数学题，只要他们完成了学习及生活中的事情，他们就可以玩游戏。

（家长/校园 IT 管理员，孩子处于6~9岁、10~12岁年龄段）

　　值得我们认真思考的是，该给孩子设立什么样的标准，从而保证科技的应用对所有人都是有利的。鼓励他们思考一下数字居民的身份，提倡他们参加"欧盟范围互联网安全日"活动（通常在2月）。当你学习时，选择在网上"潜水"也没什么关系，这样可以观察其他人怎么做、做什么。随着时间的推移，新手不断学习发展专业技能，逐渐成为网络社区和网络活动的中流砥柱。同时，他们自己也会随着参与网络社区活动而不断成长。

擦亮眼睛：避免陷入骗局

因为网上有很多用户发布的内容，而行骗者也认为值得在网络空间投入大量精力，所以我们需要帮助孩子变得足够老练并能够对自己在网上看到的信息做正确判断，从而避免陷入骗局之中。前面曾提到过数字素养，它不仅意味着能够区分信息的来源是否可靠，还要考虑对方是谁、在哪里、为什么、信息内容是如何生成的、对方是出于什么目的等问题。2012年加拿大MediaSmarts的研究强调，接受调查访问的大多数青少年都认为，网上公司总是试图"哄骗"他们透露一些信息，他们对遇到的很多流行文化普遍表现出很强的批判性理解力，他们基本上都清楚自己不想看到什么样的内容，因为这样的内容会让他们感到不舒服。

"网络钓鱼"邮件通常会诱导你链接某个网站，而这个网站看上去很像某个商铺或金融机构的真实网站。他们设计这样的网站只是为了收集他人的个人资料或财务资金上的详细信息。"网络钓鱼"通常都是为了获取这类信息，如你的信用卡号、账户名、密码以及其他个人信息。维拉德回顾了一个针对"网络钓鱼"的研究，在该研究中，他们分享了27个网络链接，而其中只有7个链接网站是合法的。她发现成年人更容易上当，主要是因为他们访问某个网站的判断依据，是网站看起来的样子而不是他们进入网站的方式，而后者才是判断合法性的有效方法。点击电子邮件中的网址链接是有安全风险的。美国预防犯罪委员会对此给出了这样的建议：首先使用搜索引擎向真正的网站举报这个虚假网站，然后还要采取一些简单的步骤来避免身份信息被盗。

其他需要注意的还有：免费赠品、脸书上一些动人心弦的故事等。

> 我们的研究发现，编造这类虚假宣传最常见的做法就是创建一个能够吸引眼球的脸书主页。之后，这些主页会被卖掉、重新命名，而所有虚假宣传的痕迹也都被删除抹掉。

我一般不会分享这类页面，特别是在以下网站核对之后，但我会在分享这类网页的朋友的主页上做一些评论，揭露这是虚假的，以防止其他人再陷入其中。

核实合法性的网址：

● Snopes: http://www.snopes.com

● Facecrooks: http://facecrooks.com

● Phishing: http://www.microsoft.com/en–gb/security/onlineprivacy /phishing-symptoms.aspx

● ID theft: http://www.actionfraud.police.uk/fraud_protection/identity_fraud

从我校的大学生身上我注意到一个情况，当他们为准备论文进行研究时，虽然我们提倡他们去图书馆收集一些在线期刊上的内容，但是很多人都会首先选择谷歌或亚马逊。现在越来越多的图书馆在保留纸质图书的同时，也开始对电子书进行整理排序，以方便学生的"租借"。需要就数字工具在教育方面的应用对学生做一些培训，教导他们如何对网上的信息进行更具批判性的吸收。研讨会上的一些研究论文也强调，虽然学生们在说到有关数字科技的问题时也能侃侃而谈，但是他们实际的在线搜索技能非常差。他们常常会紧紧抓住他们最先找到的那点信息，认为他们已经发现了"正确"答案，而不是批判性地看待资源。我敢断定，在人们使用参考书籍时也曾这么做！还要着重指出的是，"批判"并不是仅仅关注负面的、错误的东西，还要注意挑出优点，这与指出缺点同样重要。

学生们需要了解搜索引擎和在线百科全书的特殊性质。搜索引擎，包括谷歌，都是出于商业考量，而这将影响到搜索排名和返回的结果，所以在使用搜索引擎时，最好是使用交叉参考的方式，并寻求一切可能的信息。很多学生会直接访问维基百科，但更多的时候我建议学生只能将其作为一个起点而不是终点。现在，上面所有来源都被引用，因而可以继续跟进。维基百科上的条目唯一可信的只有它的来源，但是在维持一个开放的用户参与贡献环境的同时，维基百科也在不断致力于提升可信度。此外，还需要注意博客作者的可信度；一旦在一个有影响力的网站上出现错误，这篇文章就会被不断地复制、粘贴到其他地方，这个错误也就被延续下来。我们在搜索时一定要擦亮眼睛，清楚辨别查找到的信息。

练习：访问维基百科，搜索一下你非常熟知的东西，然后看看你对哪些信息表示赞同，对哪些信息有怀疑。

齐心协力：合作

对于家长来说，将孩子培养成一名健康、独立、有强烈社会责任感、能对社会有所贡献的公民，是一件很不容易的事。在全球化的世界里，我们需要考虑：社会和居民都该是什么样的？在这个数字时代，谁是我们的邻居？为了别人的幸福我们应该承担什么样的责任？

有些孩子由于在使用数字技术时有不良行为而被朋友或邻居举报，这给他们上了非常有意义的一课——互联网上没有隐私，在你的朋友、你的父母，甚至是你朋友的父母那里都没有。留意你朋友或邻居的孩子，不是让你积极寻找他们的错误之处，而是让你设身处地地想一想，如果你处在那个位置你会怎么做。如果你准备在下线后告诉他们的父母，那么你在线上直接告诉他们或许会更好些。

集体的智慧、群策群力、聪明的乌合之众以及全球智囊，都是用来描述人们以网络协作的方式齐心合力地完成某件事的形容词。互联网研究员兼软件设计师弗雷德·斯塔茨曼说，这对那些学习数字技能的人来说是个好兆头：

今天的分享、发文以及状态更新，都是我们为将来的不确定或准备要进行的合作做准备。今天在社交网站上锤炼的技能对于明天是至关重要的。因为工作将是由那些快速转移、地理位置不同、通过社交中介技术联系的自由代理团队工作者主导进行的。

> 数字内容和数字技术的使用至关重要，作为父母，我们有责任确保适当的基本法则的实施，并尽我们所能进行监管。
>
> **（家长，孩子处于 6~9 岁、16~18 岁年龄段）**

全民动员：键击主义、行动主义和社会公平

《2008拜伦评论》强调，互联网已经成为这样一个地方：在这里人们可以构建新的社群，特别是创建或更新公民参与形式；人们对不同意见变得更加宽容，对事件能生成全球性的认知；为年轻人提供了一个可以"发声"的空间，他们可以在这里发表自己的意见。唐·泰普斯科特认为"数字原生代"所拥有的特点已经通过一系列表现充分展现出来：通过社交网络来达成一些重大的政治改变；不断提高人们对社会公平的意识，更关心整体性，并且能容忍多样性。他们会在很短的时间内对犯错的人发起声讨，但是如果犯错者能真诚地为所犯错误道歉，他们也会给予谅解。

但是，我想说并不是所有的年轻人都能"自然而然"地展现出这些价值，有些年轻人只有在这里发现他们感兴趣的东西他们才会这么做。在38度这样的网站，加入像EnoughFoodIF这样的大型活动或者签名许愿都是

件非常简单的事。当然在签名许愿时一定要对你输入的条目进行个性化设定，并表明它为什么重要，这样你所提交的内容才能引起更多人的注意。在一些大事件中，如波士顿马拉松爆炸事件，都有社交媒体用户通过科技提供援助。与此同时，2013年待用咖啡①的故事也在脸书上广为流传，有很多咖啡店都采用了这种做法。

2013年2月，德爱基金会为了能从一名"普通群众"的角度出发，提升民众对基金会的认识度，他们策划了第一次博主之旅。在这次旅行中，我跟随基金会一起前往乌干达。受这件事的影响，我开始寻找支持慈善的各种方法。我认真考虑了仅仅作为"键击主义者"所能达到的程度，以及我们该怎样做才能将"键击主义"转化为"行动主义"，这对我们非常重要。威廉姆·威尔伯福斯一直致力于结束至今仍存在的奴隶制度，在2010年的一次会议上，社交媒体顾问詹姆斯·博尔特问他：都使用了哪些方法？会使用像http://slaveryfootprint.org②这样的网站吗？或许会吧，但是他一定仔细研究了他所收集到的信息，并决定下一步该采取什么行动，而不只是停留在电子请愿上。

练习：和孩子讨论一下他们热衷的话题。想一想互联网是如何为他们提供更多相关消息、帮他们在这方面变得更精通的，接下来他们又该如何付诸行动。

---

① 顾客留下买一杯咖啡的钱，然后咖啡店会把这杯咖啡留给下一位进来的无家可归的人。
② 在该网站你能估测出到底有多少人为了你所买的商品而痛苦不堪。

第16章 其他人员：儿童看护人及工作者

祖父母

2011年，牛津互联网研究院的一项调查发现："那些上了年纪的、退休的或受教育程度较低的人最不喜欢使用互联网，而且他们最害怕的就是在他们最需要网络的时候，出现'断网'或'连接失败'的情况。"我一直认为，那些最热衷使用数字技术的人通常都是有原因的。祖父母们正在陆续加入社交媒体，使用数字科技来支持自己的兴趣爱好、建立友谊、和家人保持联系。2011年沃达丰的一项调查发现：在英国十分之一的祖父母每天通过数字技术与他们的（外）孙子、（外）孙女联系，还有29%的老人表示，如果他们不上网就会感到被家人孤立。根据Grandparentsplus.org. uk网的统计，约五分之四的青少年认为，祖父母是他们除了直接家庭成员以外最重要的人。

> 孩子的爷爷、奶奶住得非常远，我们每年只能见他们一次，所以用Skype电话是和他们保持联系的一个好方法。
>
> **（家长，孩子处于3~5岁、6~9岁年龄段）**

> 他们喜欢通过发送短信的方式和我保持联系。虽然他们有时候在拼写方面会出错，但是我能看懂。这么说吧，即使他们录入的有些词不太正确，我也能理解他们要表达的意思！
>
> **（祖父母，孩子处于6~9岁年龄段）**

新兴的爷爷、奶奶这个群体已经掌握了短信、邮件和网络摄像头的使用方法，学会了在社交网络分享、浏览照片。一旦他们有了第一次在线体验，他们中的很多人就会尝试进一步提升他们的网络技能。

有些爷爷、奶奶或者是外公、外婆要照顾自己的（外）孙子、（外）孙女，不管是长期的还是暂时的，为了让（外）孙子、（外）孙女受到最好的教育，他们也需要了解数字环境。如果孩子有特殊需求，他们就得对数字科技投入更大的热情。网名为"不是坏脾气老头"的网友在问卷中回复道："我在孙子、孙女应用数字科技方面帮不上什么忙，但是我相信他们的父母能够解决这个问题。"

> 无论是在我们家还是在爷爷、奶奶家，他们都是在监管之下使用数字科技的。我们会给予帮助，使他们能够充分利用数字科技。
>
> **（家长，孩子处于 6~9 岁年龄段）**

2011年10月，沃达丰公司进行的另一项调查显示："8%的父母承认他们知道孩子会利用爷爷、奶奶不懂数字技术而进行一些不当应用，如在网络上浏览一些不良内容、注册社交网站，或者长时间玩智能手机、平板电脑。"老人们希望得到更多像我在问卷中得到的那种回应，如："我和我的女儿聊了我的担忧，但是对于她的孩子能做什么或不能做什么，她才有最终的发言权。"还有些人说，他们和父母之间达成这样的家庭协议：（外）祖父母坚持遵守协议，监管并支持数字技术的应用，不会因为害怕而剥夺（外）孙子或（外）孙女的数字设备。

还有些人会主动把握数字科技带来的崭新机遇。大卫·吉想要买一台数码录音机，用来收集记录父母的口述历史，这样20年后他们的孙子、孙女就能听到这些历史了。他就此事向《卫报》寻求建议，大家提供了一系列的建议并推荐他访问"新西兰历史网站"，在该网站可以创建一张待询问问题列表。其网址为：http://www.nzhistory.net.nz/pdfs/Life-history-questions.pdf。

其他资源：

• http://www.grandparentsplus.org.uk

英国国家慈善机构以极大的热情鼓励老人参与到（外）孙子、（外）孙女的生活当中。这对那些现在正照顾（外）孙子、（外）孙女的老人具有更大的意义。在该网站还可以找到一系列关于儿童可以参与的非技术性活动的合理建议。

- http://digitalunite.com/guides

以前的"Silver Surfers Online"网站，无论你是第一次使用计算机的新手，还是想学习社交网络技能，都能为你提供一系列关于下载、复制、分享等主题的指导意见。该网站还有一些网络课程并提供接受在线辅导的机会。

- http://www.gransnet.com/life-and-style/technology

英国一家网络社区，成立于2011年，为老人提供了和其他孩子的爷爷奶奶或者是外公、外婆聊天的机会，还对各种话题提供帮助，如在线安全问题，了解和掌握脸书、推特网等，同时还提供一些爷爷、奶奶或者是外公、外婆可能会喜欢的软件。

老师

学校和老师既担负着保护孩子安全的责任，又有着培养孩子数字素养的使命。

> 我们无法控制孩子们在学校进行的关于数字技术的讨论。我们希望学校和教育者能够起到强大的引导作用，告诉孩子哪些是好的做法、哪些是需要警惕的。作为父母，有时我们并不知道他们该了解掌握些什么。数字技术的发展如此迅速，对我们来说，要跟上它的发展脚步真的有些力不从心。
>
> （家长，孩子处于 19 岁及以上年龄段）

初中老师路易斯·厄普丘奇指出，孩子在校外的时间要比在校内的时间多得多，因此父母、学生和老师等相关人员都要参与到校园数字政策的讨论中，确保制定出一个家庭和校园并行的联合方案。家长要及时向老师提供校外问题的信息，因为这很可能会影响孩子在校内的表现。在网络欺凌事件中，家长要让学校和老师知道前面已经采取了哪些措施。

校园数字技术应用

拜伦教授表达了这样的担忧：很多学校过于关注将风险最小化，如关闭互联网上的很多网站链接，以至于他们都没有为孩子提供一个能够让孩子对自己安全负责的环境：

> 这意味着他们不但不能访问一系列对学习有用的网站，而且不利于培养他们对数字安全的理解，而这正是保障他们在校外数字安全所需要的。

220

《2012年加拿大MediaSmarts年度报告》指出，很多学校试图通过捕捉孩子所做的一切来进行风险管理，并说这是为了维持对风险的控制。

2011年，国际教育顾问肯·罗宾逊爵士呼吁大家改变对教育的看法，他说我们对教育的态度不应该"像制造汽车一样"。孩子们是不同的个体，他们不是全都擅长同样的事情，因此他们需要不同的学习方法。越来越多的学校开始考虑或鼓励孩子"带你自己的设备来"，这样孩子就能把他们自己的技能带进课堂。老师们应该意识到，只有让学生充分参与到"技术辅助"的教学实践中，才有可能对他们的能力产生影响。

> 虽然数字通信有诸多好处，但是它确实在保障孩子安全、保护孩子纯真天性方面给父母带来了更多挑战，同时还加重了家庭的经济负担。学校期望学生能够尽量多与老师交流，并在网上完成家庭作业。这对孩子和家长来说都是好事，但是这就需要家长在家里安装一台配置差不多的电脑供孩子使用。
>
> **（家长，孩子处于２岁及以下年龄段）**

组织了普利茅斯强化学习研讨会的史蒂夫·惠勒教授是我非常尊敬的一个人，他对教育领域的最新成果，特别是对那些与科技相关的成果保持时刻关注。如果你想要了解有关科技和学校教育方面的最新动态，可以登录他的网站：http://steve-wheeler.blogspot.co.uk。

规定和规划

学校必须制定有力的措施，既要保证学生能够精通数字技术，又要保证他们的在线健康与网络安全。指导方针要涵盖合理的应用范围，包括义务、责任以及违反规定时应承担的后果。相关政策的建议可查询联合信息系统委员会（JISC）的电子安全工具箱：http://j.mp/JISCesafety。在谷歌上搜索"国家学习信息系统"这个词，还可以找到更多的合理建议。

我还认为每个学校都应该参与进来，并在每年2月的互联网安全日举办一些活动——这种方法有助于孩子们了解相关信息，学习如何在他们的数字世界中处理具体事情。

（家长，孩子处于6~9岁年龄段）

更多互联网安全日的信息详见：http://www.saferInternet.org.uk/safer-Internet-day/http://www.saferInternet.org.uk/safer-Internet-day/

要营造一个家长、老师、学生（特别是初中及以上的学生）可以开放讨论问题的氛围，这一点非常重要。我们要让学生明白，作为良好的数字居民，既要为自己的行为负责，也要了解和尊重别人的感受。沙欣·谢里夫博士对网络欺凌进行的研究表明，专制型领导风格导致了学生的脱离、厌倦和暴力行为，而更民主、更分布式的领导方法会激发积极的学习兴趣及和谐的社交关系。只是制定规则而不在课堂上讨论是远远不够的，那种用"零容忍强迫年轻人彼此友好对待"的方式，只是在浪费对话的机会而已。你可以访问一些人，如尼克·布思，为了奖励他的公益创业——社交媒体诊所，英国首相为他颁发了2012年度社会大奖。如果你打算在校园内开展一些类似的活动，那么可以先了解一下他们的项目，并根据学校的实际情况进行调整。

校园网络欺凌专家南希·威拉德为创建有效对话提供了很多有效策略，包括对学生进行在线调查，询问他们观察到的事件，他们希望同龄人怎么做，什么时候希望有成年人介入；然后将调查结果在班级共享，鼓励学生就调查结果进行分析，并鼓励他们积极发表自己的看法，创建适合学校的规定，并为他们的积极参与提供实践的机会；联系一些新故事以及校园内发生的小事件，抓住时机进行讨论；通过分享一些同龄人的统计数据来向学生展示积极的使用规范，如某校90%的学生将他们在社交网站上的个人资料设置为"仅限好友可见"。

学校还可以考虑创建一个脸书主页，使家长和学生可以定期访问、查看通知及注意事项，也可以考虑为紧急事件创立一个短消息系统，其功能要包括允许学生向老师匿名发送短信。负责回复工作的老师需要经过专业培训，能够对举报网络欺凌或吸食毒品等问题提供专业的回复。

老师如何进行自我保护

在电子学习研讨会上，关于数字世界中老师身份的特殊性大家进行过很多讨论，包括老师和学生应该在网络上建立良好的师生关系，老师要知道自己很可能会被学生在谷歌上搜索，因此你要认真考虑你在网络上发布的资料及内容。至于脸书的使用，通常建议你不要加你的学生为"好友"，而是另外创建一个群或主页。很多老师用假名创建脸书账户，但是随着在网络上进行的互动，这个账户随时都可能被公之于众。同样，学生用假的个人资料也不足为奇，所以当你在自己的账户添加陌生人时也要保持警惕，特别要避免直接针对老师而进行的网络欺凌。在几乎无处不在的数字文化中，学生很可能会用手机拍下老师的照片、拍摄老师的影像或对老师的讲话进行录音。在这方面学校要制定明确的规定，包括哪些是允许的、哪些是禁止的、通过这些方式收集到的数据可以用作哪些用途。学校必须专门花时间和学生、家长就此事进行讨论。

关于色情短信，法律上有一些需要注意的重要建议。如果你没收了一部手机，上面有这样的图片，千万不要触碰这部手机，留给警察来处理，否则你就会因为访问或分享儿童色情内容而获罪。更不要将图像转发到自己的手机上，希望事件涉及的所有人都能采取保守的姿态。

其他资源：

● http://www.teachtoday.eu

总体上是由一个英国团队开发的网站，它为那些寻求积极、负责、安全使用新技术的教职员工提供信息和建议。

● http://www.jisclegal.ac.uk/Themes/eSafety.aspx

专门为中学高年级和大学相关人员设计的网站，该网站提供了一系列涉及电子安全内容和法律问题的相关信息，包括网络欺凌、性骚扰、诽谤中伤、托管[①]责任和数据保护。

- http://www.childnet.com/ufiles/Social-networking.pdf

专门为实习教师和刚取得教师资格证的老师设计的社交网站，为他们参与课堂提供一些有用的建议。

- http://www.guardian.co.uk/teacher-network

"《卫报》教师网"为英国教师提供了一系列免费资源和专家提示，并鼓励教师上传自己的资源和经验技巧。

- http://www.digizen.org/downloads/cyberbullying_teachers.pdf

在一系列机构的支持之下，由英国政府提供的有效指导意见。

- http://edudemic.com

一家英国网站，专门为老师、行政人员提供工具、小贴士和各种资源。

- http://www.ofsted.gov.uk/resources/safe-use-of-newtechnologies

从2009年开始的小型研究，对每个学校关于学生在使用新技术时应采取安全、负责的实践行为的教学情况进行评估，并总结分析它们是如何取得这样的成绩的。

青务工作者与青少年领袖

那些针对老师提出的建议同样适用于很多以青少年为对象的工作者。

---

① 针对授权软件的异地应用托管。

2009年的一项调查显示，很多青务工作者最终都是从事和那些社会闲散人员或有复杂需求人员相关的工作或与他们直接共事。这些群体可能很少使用新科技，因而当他们参与到在线社交网络时更容易遇到风险和伤害。

保罗·温铎，城市巨人的公关经理强调，青年领袖很有可能和与他们共事的年轻人结为朋友，并经常参与如同一性、自我价值、归属感、诚信等话题的讨论，他们有很多实践这些工具的机会。

> 作为一名青少年领袖，我发送短信并通知我的青少年团体成员，邀请他们参加什么活动，还有，当我们不在一起且需要彼此联系时……这些时候新科技对我们非常有用。可悲的是，当你的孩子是团体里唯一一个没有访问过脸书的人时，这件事本身就可能会使他被孤立——例如，他可能会因为"格格不入"而被嘲笑和欺侮，或因此而得不到相关活动的邀请。
>
> **（家长，孩子处于 16~19 岁年龄段）**

规定和指导意见

可以在整体规定中将社交媒体也考虑进去，包括青年领袖如何处理邪教问题以及自杀式"请求援助"事件、如何提供快捷联络名单供员工使用。保罗·温铎还为我们提供了以下一些建议：

许可 / 同意

- 通过邮件、手机或其他平台与年轻人进行联系时首先要获得其父母的许可。

- 将照片用于宣传、放到团体网站或发布到脸书上时，需要征得相关人员的同意。

- 考虑在注册登记表上增加上一篇全方位的声明，除非父母选择去掉，否则假定这些都是许可状态。

语言

- 要使用清晰明了、无歧义的语言，避免使用容易引起误解的缩写词。例如LOL（Laugh Out Loud）通常是表示"开怀大笑"，但是也可能被读成"许多爱（Lots of Love）"

- 考虑该如何在通讯信函上签名，要避免"达令"或"×××"这样的签名。

作为青少年领袖要学会自我保护

在使用通信技术时，一定要十分小心，要对年轻人和青少年领袖或青务工作者负责。此外，还要有明确的相关规定及问责方式。

责任

- 公布并展示青少年领袖和年轻人都要遵守的"指导原则"——特别是在互联网应用没有监管的情况下。

- 准备好授权你的直线经理访问你的社交媒体账户。
- 如果你的房间还有其他领导，即使你们就面对面坐着，也要让对方将他要向你汇报的内容复制，并通过电子邮件或脸书消息的形式发送给你。
- 保存任何潜在的辱骂性邮件或对弊端的揭发文件，将其作为以后的参考证据，或者将其发送给合适的人。

保密性

在利用数字科技与青少年或儿童交流的过程中，要知道这可能比与他们面对面交流泄露得还要多。除非你确实有资格，否则你要让团队中的每个人都清楚，你只能从个人角度给出一般性建议并没有提供任何咨询或辅导的资格。关于对他们信息的处理，你可以考虑添加一个如下的免责声明：

> 如果您有顾虑，例如发送者、儿童或其他人有可能会受到伤害，那么我们需要分担这些顾虑。在这种情况下，我们要通知发送者，告诉他们联络人的详细信息以及需要向联络人提供的信息。

界限

- 考虑设立专门用于工作的一部手机或社交网络主页，用于和年轻人进行负责任的互动，同时要保护好你的个人隐私。注意：脸书上的条款和条件规定，用户建立的个人资料不能超过一份。

- 不推荐在个人设备上保存年轻人的图像——这些应该用组织所用的设备进行下载和储存。
- 规定在社交媒体上进行即时消息或直接信息交流的宵禁时间。

其他资源：

- http://network.youthworkonline.org.uk

这是一个在线社团，该网站讨论数字技术对青务工作的影响，以及数字青务工作的政策和实践。

- http://www.youthworkessentials.org

由"You Scotland"发展而来，专门提供一系列资源，帮你打造具有高品质、包容性的青少年活动项目。

- http://youthworktoolbox.com

由一名英国从业者创建的网站，在该网站分享的建议、指导意见和资源都是经过测试并确认有效的。

- http://www.cypnow.co.uk/category/disciplines/youthwork

为这个领域的专业人士打造的某杂志的分支。

第17章　展望未来：未来就掌握在自己手中

一个人对未来考虑得越清楚、越明智，就越愿意承认这个事实——没有人真的知道接下来会发生什么。

20世纪60年代的未来学家预测，人们在21世纪将会实现飞行汽车、喷气背包式飞行器、飞翔滑板、充气美食以及月球上的假期。伊恩·戈尔丁在2009年TED大会上的一次演讲中说道："我们的手机比所有的阿波罗太空引擎加起来都要强大。"甚至在脸书创立前10年的时候，都没有人能预料会有这样一种东西出现。虽然现在有人预言，因为较年轻的用户在寻求更亲密的网络体验，所以脸书的基础用户群将开始呈现老龄化，但是又有谁能知道即将到来的会是什么呢？

关于未来的预测

有很多人喜欢对未来做出预测，这些预测总是倾向于更快、更小的设备，拥有更长的电池寿命，甚至这些设备是可以穿戴的。他们还预期由于隐私和安全变得越来越重要，因此软硬件开发人员以及政策制定者都会重点关注这些方面。

2012年2月，皮尤互联网项目发表了一篇题为《千禧一代超联结生活的痛与乐》的报告。报告中谈到，一些社交媒体领军人物在被问及他们认为到2020年人们的生活将会是怎样的时，他们做出的预测范围非常广泛且各不相同，其中包括：基于云计算的数字服务，信息能够迅速分享。有些人则显得相对消极一些，他们认为在未来的世界，人们会更重视休闲娱乐及外观而忽略专业技能和实质。还有些人既看到了积极的一面，也看到了消极的一面。当科技已经完全融入我们的生活，以至于人们已经几乎感觉不到它的存在时，这要求人们既要有维持"整体而不可分割状态"的意识，又要明白他们正在做什么以及他们为什么这么做。

连那些"专家"都没有取得一致意见，那我们又该走向何方？

练习：和孩子玩个有趣的游戏，做一些"没有任何限制的未来学"。在他们眼中若干年后的生活将会是什么样的？可以考虑做一本"纪念册"，在未来的某个时间拿出来回忆一下如今的岁月。

未来就在这里

我参加了过去4年的"思维数字"论坛，这是一个能产生很多新鲜观点的活动，旨在讨论科技将如何影响我们的未来以及我们的思想将会发生哪些转变。其中的一些观点乍看起来纯属未来主义。有些观点你可能是你第一次听到，而有些观点你可能已经在日常生活中听说过了。这些观点既包括将数字层面的信息添加到物质世界以适应周围环境的感知无线电、扩增实境、谷歌课堂，也包括用数字产品代替机械产品的3D打印。

当事物不断改变时，我们最好还是牢记塔尼娅·拜伦教授的这些话：

我们不可能做到使互联网绝对安全。正因为如此，我们必须培养孩子达观的性格，使他们在面对可能会遇到的某些问题时，有足够的应变力和复原力。这样他们才能增强信心、收获技能，在新媒体的海洋里更安全地航行。

核心育儿技能仍然非常重要

虽然过去在人们的预测中，灾难和理想国都是新科技可能导致的结果，但是对父母来说，需要做的仍是用人们积累下的育儿技能，继续做好育儿工作，包括：为孩子提供一个安全的成长环境，让他们学会使用交流的工具、手段及方法，利用一切可以利用的信息和资源，向为孩子提供资

源的工业、政府和教育机构咨询以寻求帮助。关于科技，最重要的是要让孩子接受相关教育，关注孩子在学什么、做什么，以及科技对他们有哪些影响。要让他们知道在他们的"数字旅程"中有你一路相伴。

第18章 永远铭记

记得一位奶奶说过这样一句话：

> 数字时代不会就此消逝，所以孩子们必须为此做好准备。
>
> （奶奶，孩子处于 6~9 岁年龄段）

回顾一下我们是如何开始的：

> 不要害怕、不要恐惧，只要有意识地帮助孩子度过人生的这一阶段即可。
>
> （家长，孩子处于 13~15 岁、16~18 岁年龄段）

家长不能将这个责任全部丢给学校，我们也需要为此负责。同时，要鼓励良好的实践行为——虽然那些关于色情短信、访问色情内容、过度爱欲化的恐怖故事在提高安全意识方面是很有效的，但是他们也会增加家长的恐惧，让家长产生禁止一切数字应用的想法，而不是以一种更合理的方式进行。

技术就在那里，我们需要找到方法鼓励孩子安全地参与其中，而不只是简单地禁止他们使用。

（家长，孩子处于 10~12 岁年龄段）

CHILDWISE的调查结果令人鼓舞，调查显示，孩子们仍然忠诚于他们的朋友，而不是任何某个具体的平台；而且在必要的情况下，他们还会迁离社交网络。和科技的发展相比，他们更关注那些能直接影响他们生活的东西。

在这本书接近尾声时，我在脸书上发现了这些话。这是由同时具有公关经理、青务工作者和父亲三重身份的威尔·泰勒发表的，这似乎总结了在数字环境下，对家长们的要求是什么：

- 为他们做与数字科技有关的事情。
- 和他们一起做与数字科技有关的事情。
- 当他们应用数字科技时注意观察他们。
- 放手让他们自己应用数字科技。

就如一位家长所写的：

对于年幼的孩子，监管是十分重要的。当孩子逐渐长大时，他们需要自己做更多的决定，当然是在和你进行相关信息的讨论之后。你要相信他们会做出正确的判断。

（家长，孩子处 16~18 岁、19 岁及以上年龄段）

最后，我将最终总结性陈词的机会留给回复我调查问卷的一位家长，因为他（也许是"她"）的话总结了这本书所涉及的大部分内容：

家长应该积极地参与到孩子的在线生活中。这不是什么隐私问题，而是一个育儿问题。我们必须保证他们的安全，在可控的安全环境中，让他们参与到数字文化中并教他们学会自我管理。从生理学的角度看，年轻人还不够成熟，很难做出明智的决定……不管在真实的世界，还是虚拟的世界，他们都需要成人的培养、鼓励、支持及保护。我们必须摒弃这种观念——因为他们看起来好像已经长大了，所以他们可以以成人的方式来管理他们自己的生活了。通过我对女儿的观察，我发现比起在蹒跚学步的幼儿期，10多岁的她更需要我……虽然需求的内容已经完全不同，但这时出的事往往要比以前严重很多。她还需要我的付出、指导和保护。在她的人生旅程中，我还没有陪她走到那么远，远到可以不用我的陪伴，任其自我发展。

（家长，孩子处于 13~15 岁年龄段）

术 语 说 明

这些专业术语看起来似乎令人生畏，但是其实没有必要专门为这个问题设立一个章节——因为有大量的网站会帮你解释这些专业术语。在这里我们还是先给出部分术语的样本，供读者体验。

存取控制 / 过滤器
由互联网或移动服务商实施安置的一个部件，可以禁止用户对某些特定内容的访问。

应用（App）
一款软件，通常在智能手机或其他设备上运行。

BBM（黑莓信使）
一个免费的即时通信应用程序，因为大额账单也不会迅速累积而受到欢迎。从2013年夏天开始，也可以适用于黑莓手机以外的设备。

蓝牙

移动设备之间短距离交换数据的一种方法。

浏览器

一种用来显示网页的软件程序，包括网页浏览器（Internet Explorer）、谷歌浏览器（Google Chrome）、苹果浏览器（Safari）和火狐浏览器（Firefox）。

云计算

也被称为"云端"，允许用户不管到哪里都可以获取他们的数据，而不需要和某个特殊的设备连接。

网络跟踪器

由网页浏览器储存在计算机上的一段文本，记录和你有关的信息，如你访问过的网站。

创作共用

一种许可证明，表明创作者允许公众分享或使用其创意作品。目前存在六种不同的许可证，但所有许可证的核心都是所有用户都必须承认创作者是该作品的原创人。

潜行追踪（Creeping）

与物质世界中的悄悄跟踪相似，甚至达到了一种病态的程度。通过观察某人的信息状态以及社交网站上的更新，追踪他的生活中都发生了什么事情。

众包

是指将任务外包出去，鼓励志愿者贡献他们的时间、技巧以及解决问题的相关内容。维基百科就是一种众包型百科全书。

网络贮存平台

文件存储或文件分享服务，通常用于文档、音乐或其他大文件。

数字脚印

你所有的在线活动和互动所留下的数字痕迹，如邮件、网页搜索、上传照片以及文本信息。有时候也会用"数字指纹"（你在网络上留下的独特印记）和"数字影子"（更贬义的）这两个词。

拖放功能

当虚拟目标被选定并移到不同的位置时使用的功能，通常只需要一次鼠标单击就可以完成。

嵌入

在某个网站添加代码，用来播放视频和图片，而原始视频和图片存储在另一个网站上，例如YouTube或者Flickr。

快闪族

一群人突然聚集在公共场所，在短暂时间内进行一场不同寻常的集体表演，然后迅速分散开来，通常出于好玩或用于艺术表达及广告宣传。

地理标签

通过GPS设备，如智能手机，在某种媒介——照片、视频或在线信息上添加上地点识别数据。

GPS

全球定位系统（Global Positioning System）的简称，是一种导航卫星系统。具有精确查找人、建筑或物体的位置的功能。

标签

最早来自推特网，但是现在有更广泛的应用。标签是社区定义的，其功能相当于"索引"，允许用户集合、组织并发现相关发帖。

主机代管

主机代管服务是由那些卖服务器空间的公司提供的，使网页生动地出现在万维网（World Wide Web）上。

超本地

利用数字科技来增加居住在地理上某个社区的体验。

IMEI（国际移动电话设备识别码）

手机上独一无二的识别号码，通常印刷在电池舱内。

应用程序内购买机制

一旦你下载了某一款应用，你就能购买一些额外内容或特征的产品，如游戏中全新的装备或某个人物，以及一些能够使你过关的标记符号。虽然数额通常很小，但是可以累加。

即时通信（IM）

以输入文本和在互联网上进行为基础，是两人或多人之间进行的一种实时交流。

IP 地址（互联网通信协议地址）

一串唯一号码，用于识别互联网上的每一台计算机。

生活播客

通过数字媒体，通常会涉及一些穿戴方面的信息，对某个人生活中的事件活动进行24小时播放。

恶意软件

带有恶意的软件，如计算机病毒，它们会入侵计算机并对其造成伤害。

混搭

联合使用两种或两种以上数据片（音乐、视频、程序）来创造一个新作品。

文化基因

通常是一个搞笑的概念，常常是以视频或图像的形式，通过互联网在人群中迅速地演变和传递。

（"二战"期间，以英国国王的口吻写过三张海报，其中一张上面写着"Keep Calm and carry on"，60年后这张海报在英国流行起来，大家开始使用"Keep Calm and..."造各种不同的句子）

元数据

用来描绘其他数据的数据，如标题、说明、标签、字幕，以及互联网文件上的附件，如视频、图片或博客日志，使数据更容易被搜索到或被发现。

MP3

数字音乐最常见的一种格式，压缩数据使文件更小，也更容易下载。

开放源码

原始定义软件代码，免费供其他人开发、完善、分享。开放源码现在也指协同操作，为了全球社区的利益免费分享媒介和信息。

点对点技术（P2P）

最通俗的理解就是作为一个网络，用户可以在上面分享文件，如音乐。

网络钓鱼（网络欺诈）

发送者主动提供的一些邮件和文本消息，常常谎称自己是银行之类的机构，发送的目的是为了从你那里获取个人信息，如密码或信用卡详细资料。

插件

一系列软件构件构建成一个较大的软件应用程序，用来处理一些特殊类型的数据，如播放网页浏览器中的视频文件。

播客

播客是一种数字文件（通常是音频的，也有视频的），可以下载到便携设备或个人电脑中，以供稍后播放或回放。有时是单独一个文件，有时是一个系列。

流氓软件

一款恶意软件，伪装成移动的网页应用，用来获取你的个人数据或向其他人群发送垃圾邮件。

简单讯息聚合订阅（RSS feed）

RSS是简单讯息聚合订阅（Really Simple Syndication）的简称，使用户能够注册某个博客，一旦有新的内容就会通过邮件或消息阅读器发出提醒，而无须再次访问原始网站。所有的博客、播客和视频提供都有RSS feed。

截屏视频

截屏视频是一段捕捉在某个计算机上所播放的视频，常常伴有音频叙述，通常作为"如何做"的指导视频。

自拍

为了放在社交网络网站上，由你自己精心拍摄的贴图，通常是在镜子中拍摄的，或使用自拍架举起相机来拍摄的。

色情短信

性和短信的结合体：发送直白的性相关信息或图片，主要发生在手机之间，在其他数字设备上也有可能发生。

群发垃圾短信

主动提供的邮件或文本信息，通常是广告，不加区分地发送给一大群用户。

间谍软件

这种软件在你不知道的情况下收集关于你和你的上网习惯的信息，然后合理地利用，为你提供你可能感兴趣的内容。这种软件也可能会被恶意地用于某些邪恶或不法的行为。

流媒体

是指视频或音频能够在线观看或收听，而不需要下载或永久地保存。

平板电脑

只有一个显示屏的移动计算机，比手机要大，如iPad、Nexus 7和Samsung Galaxy Tab。

标签

为某个特定的人（包括脸书上的照片）赋予一段信息或图像，帮助你

246

描述一项事物，然后通过浏览或搜索能够再次找到它。

服务条款

有时会被缩写为TOS，指在同意这些法律依据的基础上，你才能够使用网络、视频托管网站或用来创建或分享内容的地方。在点击同意之前检查一下，看看你是否放弃一些相关权利。

网络轮唱（引诱回答）

有些人在某个在线社区中发布一些有争议的、煽动性的、不相关的或离题的信息，目的是为了引起其他用户情绪化的回复或扰乱一些正常的话题讨论。

UGC（用户生成内容）

一个行业术语，是指所有类型的用户创建（而不是付费创建）资料，如博客日志、点评、播客、视频、评论等很多内容。

虚拟世界

一种在线计算机模拟环境，允许用户通过对自己的表述（一个化身）在彼此之间进行互动，使用空间里的物品并在这个空间创造物品。通常是指交互式的3D虚拟空间，"第二次生命"是这些事物中最著名的一个。

Wi-Fi

在包含接入点的一个较短的范围内，允许支持Wi-Fi的设备连接到互联网，而无须光缆或连接器。

查找其他术语

为了帮你理解其他术语，特推荐以下几个网站：

- http://www.socialbrite.org/sharing-center/glossary/
- http://www.teachtoday.eu/en/Technology-today/Jargon-Buster.aspx
- http://www.techopedia.com/it-dictionary
- http://www.urbandictionary.com
- http://www.w3schools.com/web/web_glossary.asp
- http://www.webopedia.com

推荐网站

电脑都放在客厅里，孩子们必须得到允许后才能使用，而且我们还限制他们玩电脑的时间。我们讨论什么样的网站他们不能访问。如果我们怀疑他们没有按照我们告诉他们的去做，我们就会通过检查浏览记录对网站进行监控。他们发送的邮件也会转发一份到我们的一个邮箱。当他们使用邮件时，我们会进行监管。我是一名CEOP（儿童侵犯与在线保护中心）的大使，我的孩子都使用"thinkuknow"网站，并且他们对网络安全有着很强的理解。

（家长，孩子处于 3~5 岁、6~9 岁、10~12 岁年龄段）

当然不会缺少这样的网站，旨在帮助家长获得在线信心（处理孩子在线问题的信心）。下面是我们从这些最好的网站中挑出来的一些：

www.bbc.co.uk/webwise/

由BBC提供的一系列信息、新闻故事和电视节目的链接，还包括专门针对父母的一些建议：http://www.bbc.co.uk/webwise/0/21259412，该网站还包含一些父母该如何控制视频点播服务的信息。

www.bullying.org

加拿大的一家网站，被称为"关于欺凌问题世界上最多的人访问并参考的网站"。这家网站通过分享资源极力支持个人和组织采取积极的行动来反抗欺凌，并找到一些反抗欺凌的非暴力解决方式。它的网址为：http://www.cyberbullying.org。

www.childline.org.uk/explore/

"儿童热线（ChildLine）"的网站，该网站有一部分专门为儿童和年轻人设计，就一系列在线问题，包括色情短信、手机安全、在线游戏、隐私和网络欺凌等向他们提供帮助。

www.childnet.org

国际儿童网（Childnet International）和其他组织合作，利用总结真实的儿童体验，致力于为儿童和年轻人打造安全的网络空间。该网站为父母、看护人、老师和专业人士提供信息。它还在"一搜得"（Know It All）和www.chatdanger.com/提供一些其他资源。

www.childwise.co.uk

CHILDWISE 从1991年开始便对儿童、年轻人和他们的家庭进行研究。他们制作年度"监测报告"，重点关注儿童和年轻人的媒体消费、品牌态度以及行为举止。同时他们也制作专题报告，包括2010年的《"数字生活"专题报告》。

www.youtube.com/user/CommonSenseMedia

YouTube的一个频道，包括一些影评（基于美国的）、在数字时代父母抚养孩子的小贴士，还有一些可以和孩子一起讨论的有用视频。

www.connectsafely.org

美国的一家网站，帮助家长、青少年、教育工作者、倡议者和政策制定者了解网络和移动技术的安全使用。

www.cybersmart.gov.au

Cybersmart 为澳大利亚受众提供教育材料。该网站上的材料是专门为儿童、年轻人、家长、老师和图书馆员工提供的，主要是为了使孩子能够实现在线安全。

www.digitalme.co.uk

特别是以教育工作者为目标，DigitalMe为了帮助年轻人通过新技术获得技能和自信。

www.digizen.org

"数字公民（Digital citizenship）"是关于如何构建安全空间和社区、成为一位负责的数字居民，以及对你自己的在线行为将如何影响他人的在线体验进行思考的网站。上面有专门为老师、父母和儿童打造的部分。

https://www.education.gov.uk/childrenandyoungpeople/safeguardingchildren/b00222029/child-internet-safety

来自教育部关于安全防护的一些建议，还包括很多有用资源的链接。

www.fosi.org

这是一个国际非营利组织，鼓励辩论和创新，从而为儿童和他们的家庭打造一个更安全的在线世界。它寻求提倡一种负责的网络文化，鼓励所有人都要有数字居民的意识。它是由互联网行业在1996年创立的，用于英国公众能够安全地、机密地举报在线犯罪内容。

www.huffingtonpost.com/news/parents-families-tech

这是一个新闻网站，发布一些关于科技和家庭的有趣的、娱乐性的、不那么耸人听闻的故事。

kidsblogclub.com

这是一个供孩子发表博客日志的网站，他们的父母可以从网站获取信息、灵感和帮助。这个网站是由一位英国的作者、记者和热爱博客的妈妈和她的两个热衷博客的孩子一起创建的。

www.kidscape.org.uk

Kidscape上的一系列信息既有为孩子提供的，也有为成年人提供的，还有一些让儿童和年轻人对欺凌问题做出回应的互动环节。

blog.kidzvuz.com

专门为"吞世代"（1990年后出生的孩子）和他们的父母设计的网站，重点关注儿童的娱乐、书籍和新媒体。

www.mashable.com

Mashable是一个提供社交媒体信息来源的网站，会定期发表一些关于科技发展、研究和儿童相关应用的故事。包括这个目录：http://mashable.com/category/family–parenting/。

www.microsoft.com/security/default.aspx

微软的安全防范网站，包括一些关于如何安全地设置装有微软系统的计算机的实用建议。

www.mumsnet.com/Internet–safety

一个可供家长分享暗示、小贴士和故事的空间，从上面可以获取信息，在孩子上网及使用移动设备时为其提供保护。

www.netfamilynews.org

上面的内容是家长为家长所写的，目的是为公众服务。"在提前告知的前提下，使父母的参与和养育成为儿童建设性使用科技的基本因素"，该网站得到了过滤软件公司的支持。

www.netsafe.org.nz/

专门为新西兰受众打造的网站，NetSafe是一个独立的、非营利性组织，为了促进人们自信、安全和负责地使用在线技术。

www.netsmartz.org/Parents

一个美国网站，向父母、不同年龄段儿童、老师提供材料以及相关法规，拥有众多个人档案和互动材料。是从"风险"角度出发的。

stakeholders.ofcom.org.uk/market–data–research/media–literacy–pubs/

是Ofcom对英国儿童和成人的媒体素养进行研究的网站。

www.theparentzone.co.uk/

一个为了使做父母更容易的网站，作为专家，帮助、支持并吸引他人来帮忙，满足父母的需求。

www.pewInternet.org

皮尤互联网&美国生活项目制作报告，探索互联网对家人、社区、工作和家庭、日常生活、教育、卫生保健，以及居民和政治生活的影响，对美国和整个世界都有影响力。

www.respectme.org.uk

由苏格兰政府投资的网站，respectme网站为成年人解决欺凌行为提供实用的建议和指南。网站分为不同部分，专门为专业人士、家长以及被欺凌的儿童和年轻人提供实用的建议和指南。

www.thinkuknow.co.uk

由儿童侵犯和在线保护（CEOP）中心的团队运作的网站，按年龄为儿童和青年提供他们喜欢访问的网站、手机和新技术的相关信息。网站也分别以家长、看护人和老师为不同目标进行了分类。

www.vodafone.com/parents/

沃达丰公司在2009年成立了"数字育儿网站"（Digital Parenting website），为了帮助父母获得更多信心，能够参与到孩子的数字世界并为其设定边界。

www.youngandwellcrc.org.au

这是一个关注科技和年轻人心理健康和幸福的澳大利亚研究组织。该组织鼓励网络安全、顺应力和创造力，包括首创网站"Keep It Tame"：http://keepittame.youngandwellcrc.org.au/。

相关阅读

如果你还有兴趣针对本书所涵盖的一些话题进行更多的相关阅读，那么我就推荐以下书籍，其中还包括一些编写此书过程中所参考的一些书籍。

安德森，J.，《网络欺凌: 令人震撼的互联网新趋势背后的真相》，亚马逊，2012。

Anderson, J., Cyberbullying: The Truth Behind the Shocking New Internet Trends, Amazon, 2012.

安德森，J.，《欺凌防御：不要做个靶子》，亚马逊，2012。

Anderson, J., Bully Defense: Don't Be a Target, Amazon, 2012.

拜尔，A.L.，《培养数字家庭阿呆书》，阿呆系列，2013。

Bair, A. L., Raising Digital Families for Dummies, For Dummies, 2013.

巴茨罗恩，E.，《棍棒加石头：击败欺凌文化，重现人格和同情的力量》，兰登出版社，2013。

Bazelon, E., Sticks and Stones: Defeating the Culture of Bullying and Rediscovering the Power of Character and Empathy, Random House, 2013.

白金汉，D.，《超越科技：在数字文化年代儿童的学习》，政体出版社，2007。

Buckingham, D., Beyond Technology: Children's Learning in the Age of Digital Culture, Polity, 2007.

白金汉，D.，《青春，个性和数字文化》，麻省理工学院出版社，2008。

Buckingham, D., Youth, Identity & Digital Culture, MIT Press, 2008.

布洛斯，T.，《博客、维基百科、脸书及其他：关于今日互联网应用你想知道但又不敢问的一切》，卡尔顿出版社，2011。

Burrows, T., Blogs, Wikis, Facebook and More: Everything You Want to Know about Using Today's Internet But Are Afraid to Ask, Carlton, 2011.

凯尔，N.，《浅析：互联网是如何改变我们思维、阅读和记忆的方式》，大西洋出版社，2011。

Carr, N., The Shallows: How the Internet is Changing the Way We Think, Read and Remember, Atlantic Books, 2011.

凯尔-格雷格，M.，《真正会上网的小孩：关于儿童在线父母需要了解的那些事》，企鹅出版社，2007.

Carr-Gregg, M., Real Wired Child: What Parents Need to Know about Kids Online, Penguin Books, 2007.

查特菲尔德，T.，《如何在数字时代繁荣》，麦克米伦出版社，2012.

Chatfield, T., How to Thrive in the Digital Age, Macmillan, 2012.

克拉克，L.S.，《父母App：数字时代的家庭社会学》，牛津大学出版社（美国），2012.

Clark, L. S., The Parent App: Understanding Families in the Digital Age, OUP USA, 2012.

戴维斯，C.及艾农，R.，《未成年人和科技》，劳特利奇出版社，2013。

Davies, C. and Eynon, R., Teenagers and Technology, Routledge, 2013.

Dutwin, D，《让你的孩子不插电：一本在数字时代培养开心、积极、从容镇定孩子的父母指南》，亚当斯传媒出版社，2009.

Dutwin, D., Unplug Your Kids: A Parent's Guide to Raising Happy, Active and Well−Adjusted Children in the Digital Age, Adams Media Corporation, 2009.

艾金顿，S.M.，《关于短信、脸书和社交媒体的家长指南：了解在数字世界育儿的利与弊》，布朗出版社，2011。

Edgington, S. M., The Parent's Guide to Texting, Facebook, and Social Media: Understanding the Benefits and Dangers of Parenting in a Digital World, Brown Books, 2011.

费瑟，K.，《了解未来：教育、科技和社会变化》，劳特利奇出版社，2011.

Facer, K., Learning Futures: Education, Technology and Social Change, Routledge, 2011.

弗莱迪，F.，《偏执育儿：为什么忽视专家可能会带给孩子最好的结果》，卡佩利亚出书，2002.

Furedi, F., Paranoid Parenting: Why Ignoring the Experts May be Best for Your Child, A Capella, 2002.

加德纳，D.，《风险：科学和政治恐惧》，维京出版社，2009.

Gardner, D., Risk: The Science and Politics of Fear, Virgin Books, 2009

盖里，R.，《公开与永恒：创立这样的心态——我们的数字行为是公开且永恒的》，青春之光出版社，2013。

Guerry, R., Public and Permanent: Creating a Mindset That Our Digital Actions Are Public and Permanent, Youthlight, 2013.

哈金，J.，《网络城市：一个改变我们的生活方式和我们是谁的恐怖观念》，小布朗出版社，2009.

Harkin, J., Cyburbia: The Dangerous Idea That's Changing How We Live and Who We Are, Little, Brown, 2009.

哈里斯，F.J.，《我在网络找到它》，美国图书馆协会，2011.

Harris, F. J., I found it on the Internet, American Library Association, 2011.

亨德森，L.，《暗网：如何保持匿名在线的新手指南》兰斯亨德森出版，2012

Henderson, L., Darknet: A Beginners Guide to Staying Anonymous Online, Lance Henderson, 2012.

霍罗威，S.L.和瓦伦廷，G.，《网络小孩：信息时代的儿童》，劳特利奇出版社，2003.

Holloway, S. L. and Valentine, G., Cyberkids: Children in the Information Age, Routledge, 2003.

贾维斯，J.，《Google能做什么？》哈珀科林斯出版社，2011.

Jarvis, J., What Would Google Do?, Harper Collins, 2011.

琼斯，R.H.和哈夫纳，C.A.，《理解数字文化素养：一本使用入门书》，劳特利奇出版社，2012.

Jones, R. H. and Hafner, C. A., Understanding Digital Literacies: A Practical Introduction, Routledge, 2012.

克洛托斯基，A.，《解开网络：互联网对你做了什么》，费伯出版社，2013.

Krotoski, A., Untangling the Web: What the Internet is doing to YOU, Faber & Faber, 2013.

利宁，M.，《互联网、力量与社会：反思互联网改变生活的力量》，康多斯出版社，2009.

Leaning, M., The Internet, Power and Society: Rethinking the Power of the Internet to Change Lives, Chandos, 2009.

利文斯通，S.，《儿童与互联网：寄予厚望，挑战现实》，政体出版社，2009.

Livingstone, S., Children and the Internet: Great Expectations, Challenging Realities, Polity, 2009.

利文斯通，S.，哈顿，L.和高兹戈，A.，《网络上的儿童、风险和安全：从比较的视角看研究与政策挑战》，政体出版社，2012.

Livingstone, S., Haddon, L., and Gorzig, A., Children, Risk and Safety on the Internet: Research and Policy Challenges in Comparative Perspective, Polity Press, 2012.

卢斯，E.，哈顿，L.和曼特-梅叶尔，E.，《不同时代人对新媒体的应用》，阿什盖特出版社，2012.

Loos, E., Haddon, L. and Mante-Meijer, E., Generational Use of New Media, Ashgate, 2012.

梅菲尔德，A.，《我和我的网络影子》，A&C布莱克出版社，2010.

Mayfield, A., Me and My Web Shadow, A&C Black, 2010.

伊藤瑞子及其他人，《网上闲逛，虚度光阴，怪人出没》麻省理工学院出版社，2009.

Mizuko, I. et al., Hanging Out, Messing Around, and Geeking Out, MIT Press, 2009.

奥基夫，G.S.，《网络安全：在充满短信、游戏和社交媒体的数字世界保护儿童并赋予他们力量》，美国儿科学会，2011.

O'Keeffe, G. S., CyberSafe: Protecting and Empowering Kids in the Digital World of Texting, Gaming and Social Media, American Academy of Pediatrics, 2011.

里布尔，M.，《培养数字儿童：写给父母的数字居民手册》，国际教育科技学会，2009

Ribble, M., Raising a Digital Child: A Digital Citizenship Handbook for Parents, International Society for Technology in Education, 2009.

罗斯纳，M.，《数字礼仪&儿童家庭规则：一本父母手册》，亚马逊，2010.

Rosner, M., Digital Manners & House Rules for Kids: A Parent Handbook, Amazon, 2010.

谢里夫，S.和丘吉尔，A.H.，《网络欺凌的真实与谬论：关于利害相关者的责任和儿童安全的国际观点》，皮特·朗出版社，2009.

Shariff, S. and Churchill, A. H., Truths and Myths of Cyber-bullying: International Perspectives on Stakeholder Responsibility and Children's Safety, Peter Lang Publishing, 2009.

史蒂芬斯，K.和奈尔，V.，《网络抨击：一场数字奚落》，斯麦莎普出版社，2013.

Stephens, K. and Nair, V., Cyberslammed: A Digital Pile On, Smashup Press, 2013.

斯泰尔，J.P.，《另一位家长：媒体如何影响我们孩子的内幕故事》，阿特里亚出版社，2003。

Steyer, J. P., The Other Parent: The Inside Story of the Media's Effect on Our Children, Atria, 2003.

泰普斯科特，D.，《成熟的数字科技：网络一代如何改变你的世界》，2008.

Tapscott, D., Grown-Up Digital: How the Net Generation is Changing Your World, 2008.

泰勒，J.,《培养科技一代：让孩子为一个媒体推动的世界作好准

备》，2012

Taylor, J., Raising Generation Tech: Preparing Your Children for a Media-Fuelled World, 2012 .

特罗利，B.C.和汉尼尔，C.,《网络儿童，网络欺凌，网络平衡》，科温，2010.

Trolley, B. C. and Hanel, C., Cyberkids, Cyber Bullying, Cyber Balance, Corwin, 2010.

特克，S.，《一起孤单：为什么我期待科技更多，而期待彼此更少》，2011.

Turkle, S., Alone Together: Why We Expect More From Technology, and Less From Each Other, 2011.

范多姆，N.，《一本关于使用iPad的家长指南》，易步，2012.

Vandome, N., A Parent's Guide to the iPad, Easy Steps, 2012.

惠特比，P.，《你的孩子在线安全吗：一本关于使用互联网、脸书、手机和其他新媒体的家长指南》，克里姆森出版社，2011.

Whitby, P., Is Your Child Safe Online: A Parents Guide to the Internet, Facebook, Mobile Phones & Other New Media, Crimson, 2011.

威拉德，N.，《精通网络：拥抱数字安全和数字文明》，科温，2012.

Willard, N., Cyber-Savvy: Embracing Digital Safety and Civility, Corwin, 2012.

一些实用的网络资源

ACMA（澳大利亚通信与媒体管理局），点击并链接："澳大利亚年轻人对在线社会媒体的使用"，2009，http://www.acma.gov.au/webwr/aba/about/recruitment/click_and_connect–01_qualitative_report.pdf

安德森，J.和雷尼，L. "超联结生活带给千禧一代的喜与痛"，皮尤互联网，2012年2月，http://pewInternet.org/Reports/2012/Hyperconnected-lives.aspx

拜伦，T.，《拜伦评论》，英国儿童互联网安全委员会（UKCCIS），2008/2010，http://www.education.gov.uk/ukccis/about/a0076277/the–byron–reviews

常识传媒，"青少年和他们的数字生活"，2012，http://www.commonsensemedia.org/sites/default/files/research/socialmediasociallifefinal–061812.pdf

达顿，W.H.和布兰克，G.，"下一代用户：互联网在英国"，牛津互联网调查，2011，http://www.oii.ox.ac.uk/publications/oxis2011_report.pdf

吉尔克顿，L.，"养育互联网一代：七大潜在威胁和保障互联网安全的七大好习惯"，http://www.covenanteyes.com/parenting-theinternet-generation，2012

康，C.，"青春期前儿童对Instagram（图片分享程序）的使用，皮尤互联网，2013年5月，

http://www.pewInternet.org/Media–Mentions/2013/Preteens–use–of–

Instagram-createsprivacy-issue-child-advocates-say.aspx

克尔，J.C.，"民意测验：青少年迁移到推特网"，皮尤互联网，2013年5月，

http://www.pewInternet.org/Media-Mentions/2013/Poll-Teens-migrating-to-Twitter.aspx

莱格特，S.，"孩子和他们的媒体2013"，CHILDWISE, 2013, http://prezi.com/6spkttfivlhp/children-and-their-media-2013/

英国通信管理局，"儿童与父母：媒体使用和态度报告"，英国通信管理局，2012,

http://stakeholders.ofcom.org.uk/binaries/research/media-literacy/oct2012/main.pdf

英国通信管理局，"重塑20世纪50年代的客厅"，英国通信管理局，2013, http://media.ofcom.org.uk/2013/08/01/the-reinvention-of-the-1950s-living-room-2/

英国儿童互联网安全委员会，"教孩子适度使用互动式服务的优秀实践指南"，2010, http://dera.ioe.ac.uk/1969/1/industry%20guidance%20%20%20moderation.pdf

城市巨人，"完全连线——2012年之旅"，2012, http://vimeo.com/51279921

现在的我，宁愿慢下来，

和宝贝一起欣赏这个世界的美丽。

爱立方
Love cubic

育儿智慧分享者